高等职业教育新形态一体化教材

影视后期剪辑

薛俊丹 / 主编

范　例　李芸璐　薛　宇　张功岭 / 副主编

化学工业出版社

·北京·

内容简介

本书紧跟影视技术发展趋势，设置五大模块内容，包括一个理论知识模块与四个实践项目模块。理论知识模块系统阐述视频剪辑工具的基础知识；实践项目模块则基于Premiere等软件，围绕短视频、宣传片、广告片及网络微短片四大题材，结合中国传统文化与非遗元素，展开具体案例分析与讲解。通过实践技能的传授，不仅提升学生的专业技能，更深化其对中华文化的理解与认同，助力学生增强文化自信与爱国情操。本书为学生提供全面且实用的学习资源，包括案例制作视频、案例素材、课件，旨在满足影视行业对高素质后期剪辑人才的需求。

本书可作为高等院校数字媒体艺术、文化创意策划、广播电视编导、影视制作、广告学、新闻学（视频新闻方向）及动画等专业的教材，也可供影视行业从业人员参考。

图书在版编目（CIP）数据

影视后期剪辑 / 薛俊丹主编. -- 北京 : 化学工业出版社, 2025. 1. -- (高等职业教育新形态一体化教材). -- ISBN 978-7-122-47506-0

Ⅰ. TN94

中国国家版本馆CIP数据核字第2025ZW9244号

责任编辑：张　阳　李彦玲　　　　文字编辑：蒋　潇
责任校对：杜杏然　　　　装帧设计：梧桐影

出版发行：化学工业出版社
（北京市东城区青年湖南街13号　邮政编码100011）
印　　装：北京瑞禾彩色印刷有限公司
787mm×1092mm　1/16　印张10¾　字数235千字
2025年6月北京第1版第1次印刷

购书咨询：010-64518888　　　　售后服务：010-64518899
网　　址：http://www.cip.com.cn
凡购买本书，如有缺损质量问题，本社销售中心负责调换。

定　　价：69.80元

版权所有　违者必究

《影视后期剪辑》编写人员

主　编　薛俊丹

副主编　范　例　李芸璐　薛　宇　张功岭

编写人员

薛俊丹（洛阳文化旅游职业学院）
范　例（焦作大学）
李芸璐（郑州智能科技职业学院）
薛　宇（信阳艺术职业学院）
张功岭（洛阳文化旅游职业学院）
韩泽宇（洛阳文化旅游职业学院）
杨安易（郑州智能科技职业学院）
郭恬静（洛阳文化旅游职业学院）
李嘉琪（河南开封科技传媒学院）
宁江涛（三门峡社会管理职业学院）
曾宪平（洛阳日报报业集团）
刘　冰（洛阳日报报业集团）
邵丹阳（洛阳塁炫文化传媒有限公司）

前言

随着数字媒体技术的飞速发展，影视后期剪辑作为影视制作流程中的关键环节，其战略价值在新时代文化建设中愈发凸显。党的二十大报告指出，实施国家文化数字化战略，健全现代公共文化服务体系，创新实施文化惠民工程。健全现代文化产业体系和市场体系，这为影视创作注入了新的时代内涵。无论是电影、电视剧、短剧，还是传播正能量的新媒体视听内容，精彩的叙事建构、富有时代特征的审美表达，都离不开后期制作团队的匠心锤炼。为深入贯彻落实二十大关于“推进文化自信自强”的重要部署，培养德技双馨并适应行业需求的影视制作人才，我们编写了这本理论与实践并重的教材。

全书内容涵盖了影视后期剪辑的各个方面，从剪辑软件的基础操作到高级技巧，从剪辑理论的深入探讨到实际案例的剖析，力求做到理论与实践相结合。书中有机融入了思政元素，通过讲解展现当代敬业奉献工作者的宣传片剪辑案例，传统文化非遗宣传片剪辑案例，环保题材公益广告片剪辑案例，引导学习者在掌握专业技能的同时，提升职业素养，增强文化自信，树立正确的价值观和艺术观。此外，本书还注重创新性和实用性，结合当前影视行业的最新趋势和技术发展，引入了许多前沿的剪辑理念和工具，使学习者能够紧跟时代步伐，提升竞争力。

在编写分工上，我们汇聚了来自洛阳文化旅游职业学院、焦作大学、信阳艺术职业学院、郑州智能科技职业学院、三门峡社会管理职业学院、河南开封科技传媒学院的双师型教师，同时也邀请影视制作公司和行业协会的多位专家学者参与指导，其中，洛阳日报报业集团融媒视觉梦工坊的总编辑曾宪平、主任刘冰为本书模块三宣传片剪辑项目提供了案例共享与理念指导，洛阳曌炫文化传媒有限公司的邵丹阳老师提供了模块一、模块三的案例素材，并给予指导。这一过程中，大家齐心协力，精益求精，确保了教材内容的准确性和权威性。同时，我们还要感谢所有为本书提供案例、数据和反馈意见的行业同仁，他们的宝贵建议为本书的完善提供了有力支持。

全书在编写过程中始终坚持马克思主义文艺观的根本指导，根据岗位职业技能需求，对接“1+X”职业技能证书标准，通过不同类型剪辑任务的拆解，以模块化案例教学设计贯穿教学全过程，生动诠释了影视后期剪辑工作的具体要求。我们期待这本书能够成为广大影视后期剪辑学习者、从业者以及爱好者的良师益友，助力学习者在中国式现代化进程中谱写光影华章。

限于编者水平，书中难免存在不足之处，敬请广大读者批评指正，提出宝贵建议。

编者

2025年1月

目录

模块一　认识影视后期剪辑

模块二 短视频剪辑

模块三 宣传片剪辑

模块四 广告片剪辑

模块五 微短片剪辑

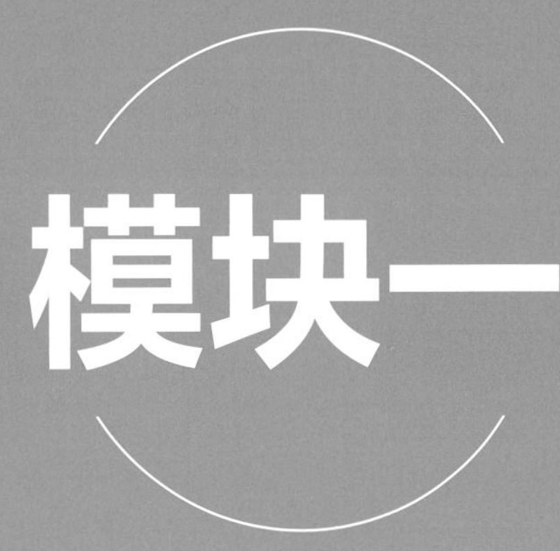

模块一 认识影视后期剪辑

岗位要求

① 掌握影视后期制作中的剪辑技术，包括但不限于Adobe Premiere Pro等主流剪辑软件的操作，能够独立完成从素材整理到成品输出的全过程。

② 理解剪辑的基本原理、蒙太奇理论及视频剪辑的基本术语，能够根据不同类型的项目需求，运用恰当的剪辑手法提升作品表现力。

③ 能够与导演、摄影师、音效师等团队成员有效沟通，协同完成影视后期制作任务。

学习目标

1. 知识目标

① 深入理解剪辑的定义，明确线性编辑与非线性编辑的区别，以及剪辑在影视后期制作中的核心地位。

② 学习并记忆视频剪辑的基本术语，了解蒙太奇理论及其发展历程，为后续的实践操作打下坚实的理论基础。

③ 全面了解Adobe Premiere Pro等主流剪辑软件的界面布局、功能特点，以及其他相关剪辑软件的基本知识。

2. 能力目标

① 熟练掌握Adobe Premiere Pro等剪辑软件的基本操作方法，包括项目创建、素材导入、剪辑调整、特效添加、音频处理等，提升剪辑效率。

② 通过实际操作，熟悉影视剪辑的基本流程，包括新建项目、新建序列、导入素材、打开项目文件、重命名素材、替换素材等各个环节，能够独立完成从素材整理到成品输出的全过程。

③ 针对不同项目类型（如自媒体短视频、宣传片、广告片等），掌握相应的剪辑技巧和风格要求，能够灵活调整剪辑策略，满足客户需求。

3. 素质目标

① 在剪辑过程中，注重培养创新思维和审美能力，能够根据脚本或创意要求，进行创意剪辑，使作品富有故事性和视觉冲击力。

② 理解团队协作的重要性，学会与导演、摄影师、音效师等团队成员有效沟通，协同完成影视后期制作任务。

③ 保持对行业动态的关注，积极学习最新的剪辑技术和软件知识，不断提升个人技能水平，以适应不断变化的行业需求。

学习重点

① 深入理解非线性编辑的优势，掌握Adobe Premiere Pro等软件的界面布局、快捷键使用方法及高效剪辑技巧。

② 重点学习蒙太奇理论，了解其在影视剪辑中的应用，以及视频剪辑基本术语的含义和用法。

③ 针对不同项目类型的特点，学习如何根据客户需求和创意要求，选择合适的剪辑手法和风格。

学习难点

① 如何将蒙太奇理论与实际剪辑操作相结合，形成独特的剪辑思维和创意表达，是初学者面临的一大挑战。

② 面对不同项目类型和客户需求的多样性，如何灵活调整剪辑策略，保持作品的一致性和创新性，是高级剪辑师需要不断磨炼的能力。

③ Adobe Premiere Pro等软件的高级功能（如色彩校正、动态图形模板、多轨音频编辑等）较为复杂，需要通过较长时间的学习和实践才能熟练掌握。

知识一 剪辑是什么

“剪辑”一词，通常可以解释为将原始视频素材经过选择、取舍、分解、组接和调整，最终完成一个流畅连贯、符合逻辑、含义明确的视频作品。它常用于电影制作、短视频制作、纪录片制作等领域。在现代数字媒体时代，视频已成为大众获取信息、娱乐生活、社交休闲的重要载体。市场的快速更新迭代要求制作更高质量、更富有吸引力的视频来满足大众需求。传统剪辑已经被大众所熟知，被统称为线性编辑，与之相反的就是一种反传统的表现模式——非线性编辑。下面来深入了解一下这两种剪辑形式。

1. 线性编辑（传统编辑方式）

线性编辑以磁带为记录载体，利用电子手段，将节目信号按时间线性排列，在寻找素材时录像机需要进行卷带搜索，只能在一维的时间轴上按照镜头的顺序一段一段地搜索，不能跳跃进行，在素材的选择上较为烦琐、浪费时间。早期电视节目制作、修改的电子编辑方式是以磁带的线性记录为基础的，一般只能按编辑顺序记录，虽然插入编辑方式允许替换已录磁带上的声音或图像，但要求要替换的片段与磁带上被替换的片段时间一致，且不能进行增删，也不能改变节目的长度。

这种传统的剪辑方法的好处是技术比较成熟，操作相对简单，可以直观地对素材进行操作。虽然制作过程较为原始，且一旦编辑完成就不能轻易改变组接顺序，但磁带的特殊性使其在不受损伤的情况下，能发挥随意抹去、随意录制的特点，从而降低制作成本。

2. 非线性编辑（自由的编辑系统）

非线性编辑系统可替代传统的切换台、编辑机、特技机、字幕机、调音台等制作设备，调取节目容易，可及时完成快速搜索，精确定位，可任意更换、安排编辑序列，利用预演功能随时观看节目效果，使工作效率大为提高。非线性视频节目的后期制作包括视频图像编辑、音频编辑、特技及声像合成等工序，是根据前期摄制的节目素材按要求进行的再创造过程。

非线性编辑主要是借助计算机进行数字化制作，几乎所有的工作都在计算机中完成。这不仅减少了外部设备的数量，降低了故障发生的频率，更是突破了单一时间顺序编辑的限制。非线性编辑主要靠软件和硬件的支持，两者组合称为“非线性编辑系统”。一个完整的非线性编辑系统由计算机、视频卡、声卡、高速硬盘、专用特效卡及外围设备构成。相比于线性编辑，非线性编辑的优点与特点主要体现在素材预览、编辑点定位、素材调整优化、素材组接、素材复制、特效功能、声音编辑及视频合成等方面。

知识二 剪辑的工具与操作

1. Adobe Premiere Pro软件介绍

Adobe Premiere Pro（图1-1），简称Pr，是由Adobe公司开发的，可以与Adobe公司推出的其他软件相互协作，广泛应用于广告制作与电视节目制作中。这款软件是视频创作爱好者和专业人士必不可少的视频编辑工具，它可以体现剪辑师的创作能力和创作自由度，是一款易学、高效、精确的视频剪辑软件。Premiere提供了采集、剪辑、调色、美化音频、字幕添加、输出、DVD刻录等一整套流程，并能和其他Adobe软件高效集成，使使用者足以应对在编辑、制作、工作流上遇到的所有挑战，满足使用者创作高质量作品的要求。

图1-1　Adobe Premiere Pro软件图标

Premiere以其强大的功能体系，已经成为视频素材编辑制作时不可或缺的软件，在各个领域均有强大的功能，既可以被广泛应用于传统电视节目以及电影、电视剧的制作，保障节目质量与精彩度，也可以在广告节目制作中起到重要作用，提高广告质量水平，同时还是大量新时代新媒体短视频从业者的选择，用于制作出大量快节奏且优秀的日常片段、短剧集、长剧集视频，丰富人们工作生活之余碎片化时间的精神娱乐，还可以用来方便、快捷地采集录制视频素材和刻录光盘，以进行永久保存。

2. 其他剪辑软件介绍

（1）Adobe After Effects

Adobe After Effects（简称AE）也是一款在视频剪辑领域应用较为广泛的软件，该软件将多个不同视频剪辑软件的使用优势汇集于一体，并在软件功能基础上进行了优化改革，使其使用性能得到明显提升，从而展现出独特优势。After Effects也成为视频剪辑领域中最为常用的软件（图1-2），由于其功能全面，使用效果更为人性化，用户在软件使用过程中体验良好，因此深受用户好评。

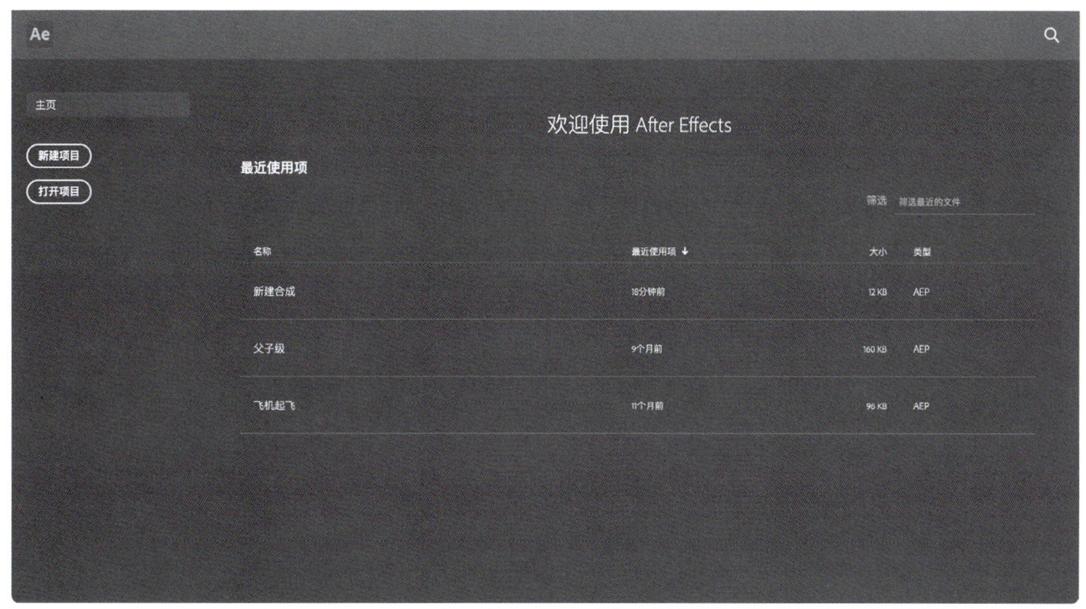

图1-2 After Effects软件主页

After Effects软件还提供了丰富的插件功能，涉及多个类型的插件，例如Trapcode中3D Stoke、Repeater和Echospace。各种插件使得After Effects软件能够满足影视动画领域多种不同剪辑工作的需求，如在借助3D Stoke实现镜头画面动态化处理时，利用该插件的功能，可以在保证动画连贯性和流畅性的同时创造良好的3D动画效果。在处理快速移动镜头时，该插件能够有效避免快速移动镜头下的模糊问题，可实现对全部选择路径的3D复制，且在使用期间，可实现对图像的缩放、旋转和位移。此外，使用Repeater工具能够实现对指定区域的图形和各类型特效的对接，结合3D Stoke功能，可对3D空间图像进行自由、弯曲和变形，利于实现蒙太奇效果的影视动画剪辑。Echospace是一种应用于3D运动图像的插件，该插件主要集成于After Effects软件中，使用期间可将三维运动特效添加于不同类型的图像中，并通过三维运动表现方式展现出来，以提升图像的立体性、连贯性以及动画整体制作效果。

（2）Digital Fusion

Digital Fusion是一款视频合成软件，可以支持After Effects的插件和世界上最著名的5D和ULTIMATTE插件。ULTIMATTE插件是影视动画制作中一种用于抠像的插件，该插件进行了改进和完善，几乎集合了全部抠图插件功能，如DF3（版本不同有所差异）的5D、BLUR、CHAOS、FreeForm、Krokodove等插件功能，整体而言功能相对完善，非常适合操作Maya、Softimage 3D软件的动画师使用，可满足图像处理中多数制作需求，但是存在一定不足，如使用Digital Fusion软件对粒子和3D模型进行处理时，存在明显局限性，但Digital Fusion具有极强的稳定性，将其应用于动画影像处理中，相比于After Effects，使用者可以获得更好的体验。

（3）Sony Vegas

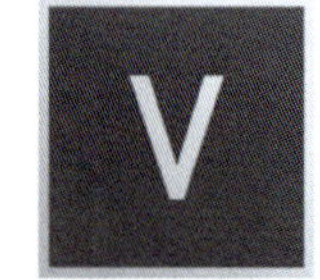

图1-3　Sony Vegas图标

Sony Vegas是SONY旗下的一款专业级视音频剪辑软件（图1-3）。Vegas自带视频转换场和3D特效，具有实时编辑、实时预览、视音频同步调整、无限制轨道等优异功能，集剪辑与特效于一体。同时，它拥有强大的音频处理工具，在专业的影音非编领域与Premiere和Edius齐名。其最大的优点是编辑自由灵活，对轨道类型和数量没有限制，只要有合适的素材和丰富的想象力就能制作出炫目的效果。操作简单是其另一个优点，使用它可以像在Word里编辑文本一样对视频素材进行复制、剪切、粘贴、移动等操作。此外，Vegas界面友好，操作人员易上手，其对系统的配置要求很低，内存占用率低，渲染速度较其他软件也更快一些。

3. 基本剪辑操作

（1）拆分与重组

在编辑视频时，如果想对其中的部分片段进行编辑，可以将该片段拆分成独立片段，再进行相关操作，并在操作完成后进行重组。

①拆分。选择时间轴面板中需要拆分的素材，在工具面板中选择剃刀工具，滑动时间线进行预览，在需要拆分的位置暂停并单击，即可将这段视频沿时间线所在位置分割为两个部分（图1-4）。拆分完成后，之前的一个片段就变成了两个独立片段。

图1-4　时间轴拆分位置

②重组。重组指的是将两个独立的片段重新组合在一起，使之成为一段完整、协调且连贯的画面。在项目面板中，将一段素材拖拽至时间轴面板中的第一段素材后面，即可完成素材的重组。为了使两个素材的重组更连贯，可以为素材添加合适的转场效果，在“效果”窗口中选择“视频过渡”，即可选择合适的转场效果（图1-5、图1-6）。

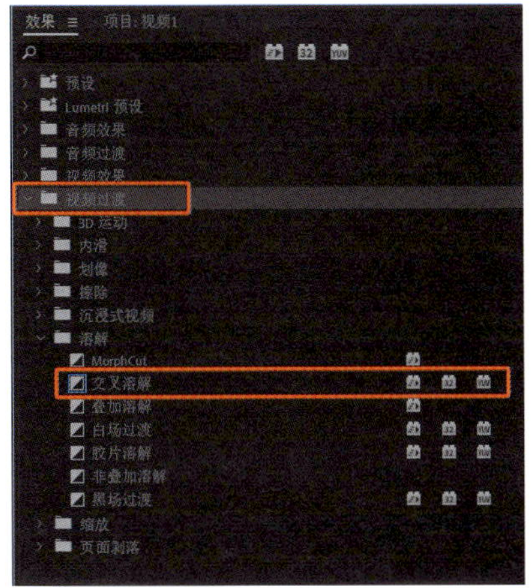

图1-5 选择“视频过渡”→“交叉溶解”

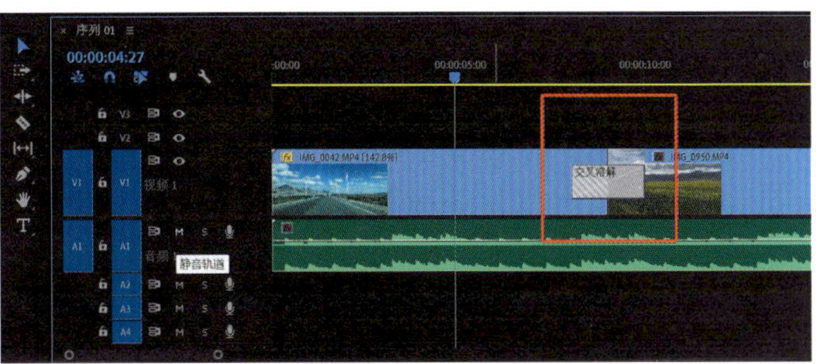

图1-6 在时间轴上运用“交叉溶解”

（2）修改速度与时间

在编辑视频时，如果修改了一段素材的速度，那么这段素材的时间也会发生变化。若速度变快，则素材的持续时间变短；若速度变慢，则素材的持续时间变长。同理，如果修改了一段素材的时间，那它的速度也会发生变化，因此修改速度与时间可同时进行。下面介绍两种修改速度与时间的方法。

方法一：在时间轴面板中选择需要修改的素材，右击时间轴面板的空白处，在弹出的快捷菜单中执行“速度/持续时间”命令（图1-7）。

图1-7 执行“速度/持续时间”命令

在弹出的“剪辑速度/持续时间”对话框中，将“速度”调整为200%，可以看到“速度”下方的“持续时间”变短了，设置完成后，单击“确定”按钮（图1-8）。此时，时间轴面板中素材的时长缩短了（图1-9）。

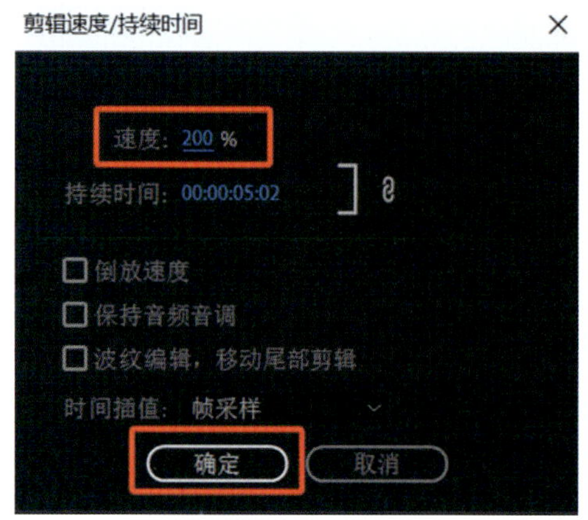

图1-8　“剪辑速度/持续时间”对话框

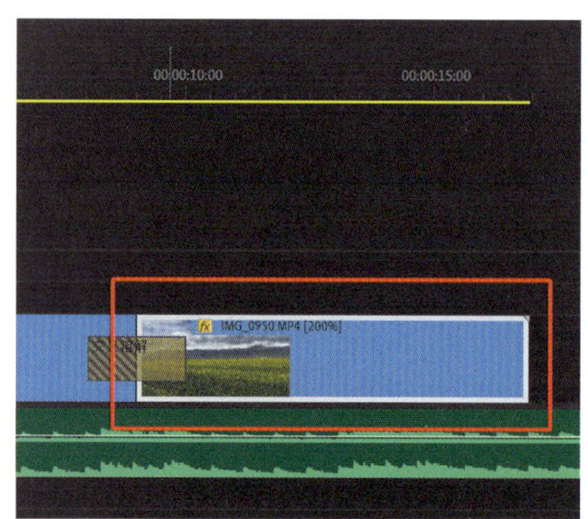

图1-9　调整后的时间轴面板

方法二：在工具面板中选择“比例拉伸”工具（图1-10）。将光标移动到素材的起点或终点，接着向左或向右拖动（图1-11），此时素材的时长将发生变化。

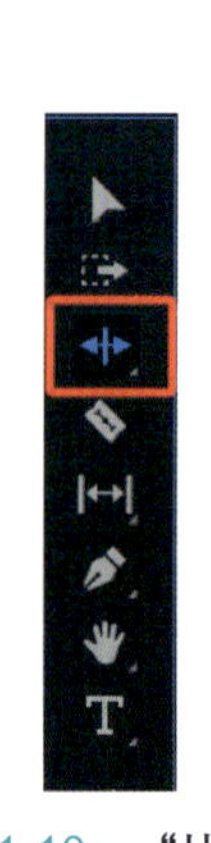

图1-10　“比例拉伸”工具

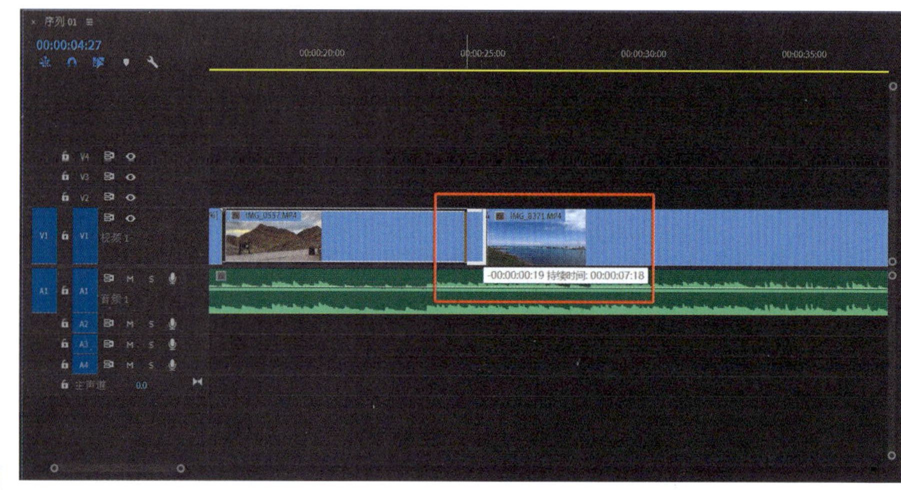

图1-11　使用“比例拉伸”工具拉动素材

（3）分类管理素材

在进行视频制作前，尽量养成良好的剪辑习惯，可以将图片、视频或音频素材导入项目面板，进行分类管理。将文件全部导入项目面板后，在项目面板的空白处右击，在弹出的快捷菜单中执行“新建素材箱”命令（图1-12），并将素材箱命名为“图片”，然后用同样的方法，依次创建“视频”素材箱和“音频”素材箱（图1-13），最后将素材分类放到相应的素材箱内即可。

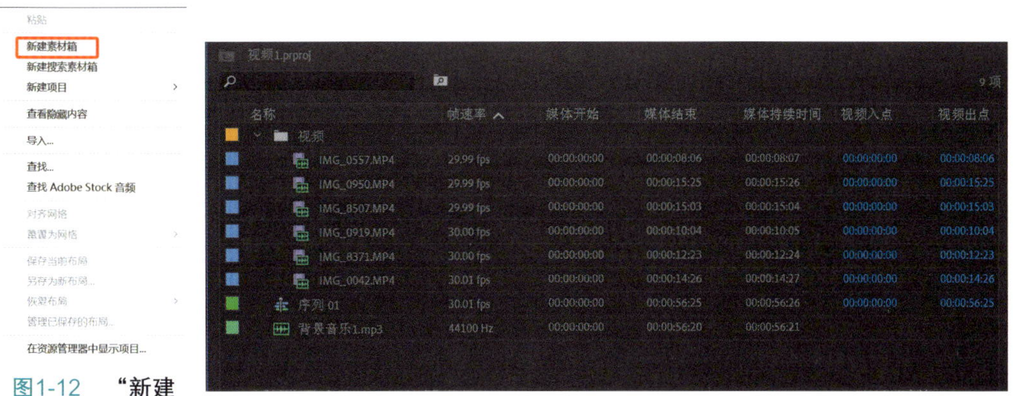

图1-12 “新建素材箱”命令

图1-13 新建素材箱后的项目界面

（4）链接与拆分

通常，视频与音频是一起录制的。

在编辑视频时，将视频素材放到时间轴面板中，音频会以链接的形式出现，这时候可以对视频和音频链接进行拆分，只留下视频素材，也可将导入的音频与视频重新链接。如果导入没有声音的视频，则需要添加背景音乐。

将一个独立的、没有声音的视频素材和一个需要添加的音频素材拖拽至时间轴面板中。同时选中两个素材，在时间轴面板的空白处右击，在弹出的快捷菜单中执行“链接”命令，即可将视频和音频素材链接到一起（图1-14）。

将一段有声音的视频文件拖拽至时间轴面板中，选择该素材，在时间轴面板的空白处右击，在弹出的快捷菜单中执行“取消链接”命令，此时链接的素材文件将被分离（图1-15）。

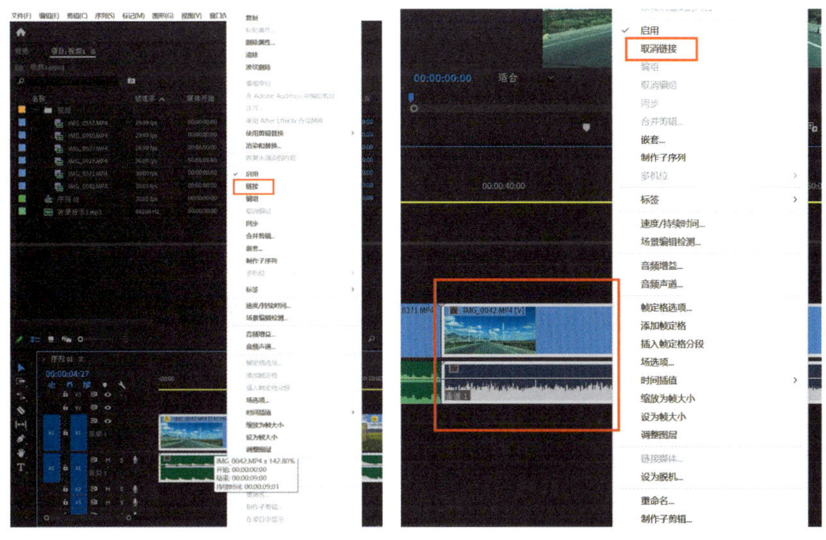

图1-14 “链接”命令

图1-15 “取消链接”命令

知识三 剪辑的理论基础

1. 蒙太奇的发展与理论

蒙太奇一词来自法文，有安装、装配、构成的意思，后用于表现镜头组接之意，并逐渐成为影视专用术语。简单来说，蒙太奇是指将影片画面或声音进行组接，以达到叙事、创造节奏、营造氛围、表达情绪等效果。蒙太奇包括画面剪辑和画面合成。画面剪辑是指通过画面、图样的并列或叠化形成统一的图画作品；画面合成是将在不同地点、不同距离和不同角度以不同方式拍摄的镜头组合起来，同时叙述情节、刻画人物，从而达到高度的概括和集中，激发观众的联想并创造出独特的影视时间和空间。

蒙太奇可以分为三种类型：叙事蒙太奇、表现蒙太奇、理性蒙太奇。第一种是叙事手段，后面两种主要用于表意。在此基础上可以细分为平行蒙太奇、交叉蒙太奇、颠倒蒙太奇、心理蒙太奇、抒情蒙太奇等。

2. 视频剪辑的基本术语

对于初学者来说，可能会对一些专业术语感到不解，下面来讲解Premiere Pro中常用的视频编辑术语。

①帧：帧是视频技术中常用的最小单位，指的是数字视频和传统影视的基本单元信息。视频可以看作是由大量的静态图片按照时间顺序放映得出的，而每一张图片就是一个单独的帧。

②分辨率：分辨率指帧的大小，它表示在单位区域内垂直和水平的像素数值。一般，单位区域中像素数值越大，图像显示越清晰。

③剪辑：剪辑是指对素材进行修剪，这里的素材可以是视频、音频或图片等。

④镜头：镜头是视频作品的基本构成元素，不同的镜头对应不同的场景，在视频制作过程中经常需要对多个镜头或场景进行切换。

⑤字幕：字幕是在视频制作过程中添加的标志性信息元素，当画面中的信息量不够时，字幕就起到了一个补充信息的作用。

⑥转场：转场是从一个镜头切换到另外一个镜头时的过渡方式。转换过程中会加入过渡效果，如淡入淡出、闪黑、闪白等。

⑦特效：特效是指为画面中的元素添加的各种变形和动作效果。

⑧渲染：渲染是指在视频文件应用了转场及特效后，将源文件信息组合成单个文件的过程。

知识四 剪辑的基本流程

在进行视频制作之前，首先需要掌握项目与素材的基本操作，包括新建项目、新建序列、导入素材、打开项目文件等。

1. 新建项目

下面介绍新建项目的具体操作方法。

双击桌面上已下载安装好的Adobe Premiere Pro 2020图标（图1-16），进入Premiere Pro 软件的主页，单击“新建项目”按钮，创建项目文件（图1-17）。

图1-16　下载好的Premiere Pro 2020版图标

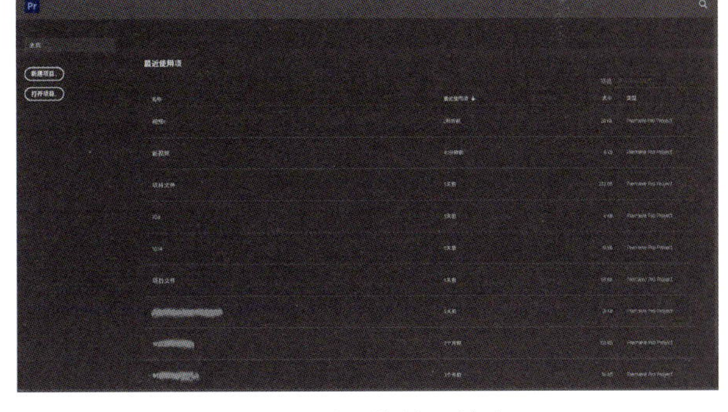

图1-17　进入软件后的主页

在弹出的“新建项目”对话框中，设置项目名称并修改储存位置（图1-18）。单击“位置”选项右侧的“浏览”按钮，可以在打开的对话框中选择路径文件夹，完成后单击“选择文件夹”按钮（图1-19）。最后在“新建项目”对话框中，单击“确定”按钮。

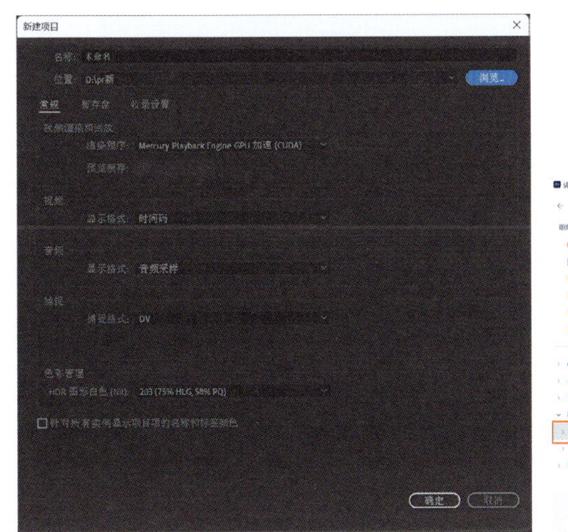

图1-18　“新建项目”对话框

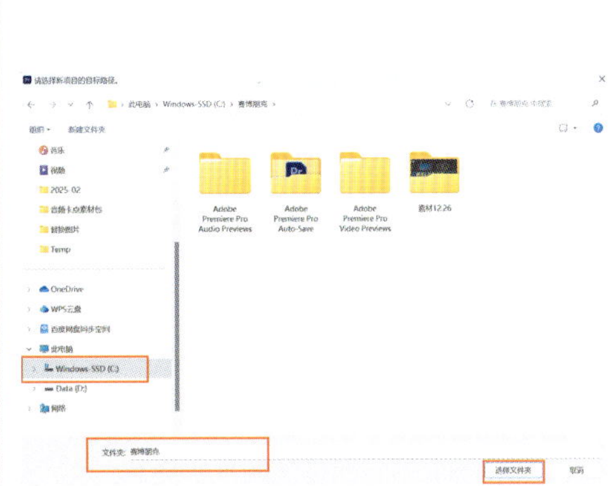

图1-19　文件夹目标路径界面

操作完成后，即可进入Premiere Pro的工作界面（图1-20）。

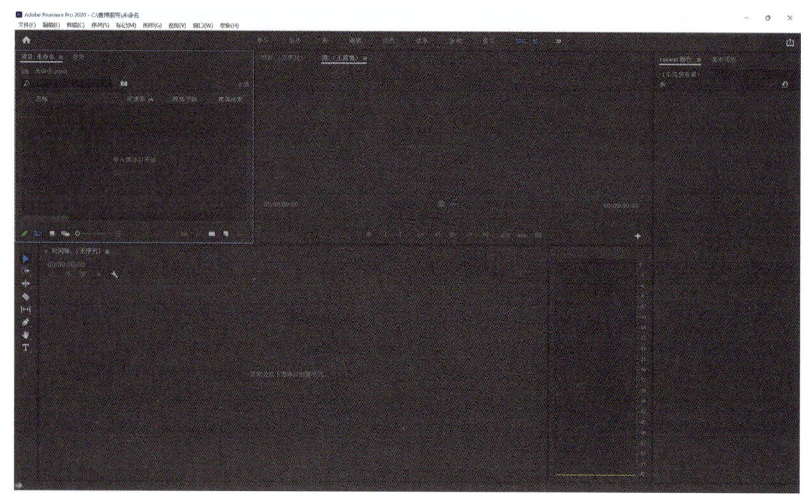

图1-20　项目建成后的工作界面

2. 新建序列

新建项目后，要新建序列，可根据素材的大小选择合适的序列类型。下面介绍几种新建序列的方法。

（1）通过“文件”菜单新建序列

新建项目完成后，执行菜单栏中的“文件”→“新建”→“序列”命令，或按快捷键Ctrl+N，在弹出的“新建序列”对话框中，选择默认格式“DV-PAL”文件夹下的“标准48kHz”，并设置序列名称，然后单击“确定”按钮（图1-21、图1-22）。这样就新建了一个项目序列（图1-23）。

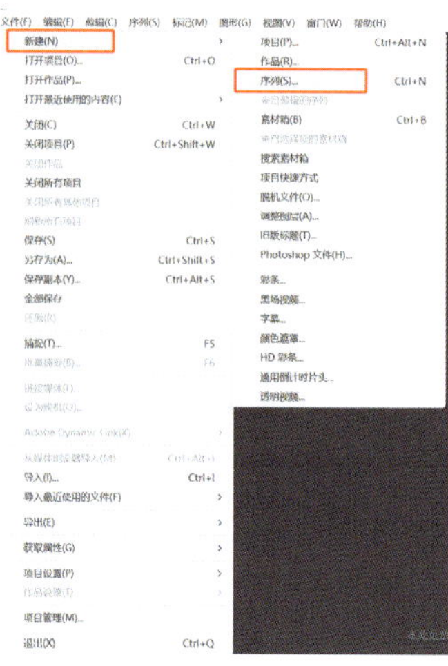

图1-21　新建序列过程界面

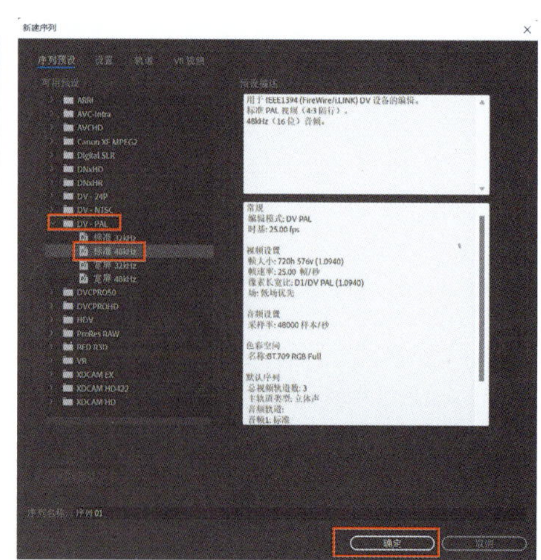

图1-22　序列预设界面

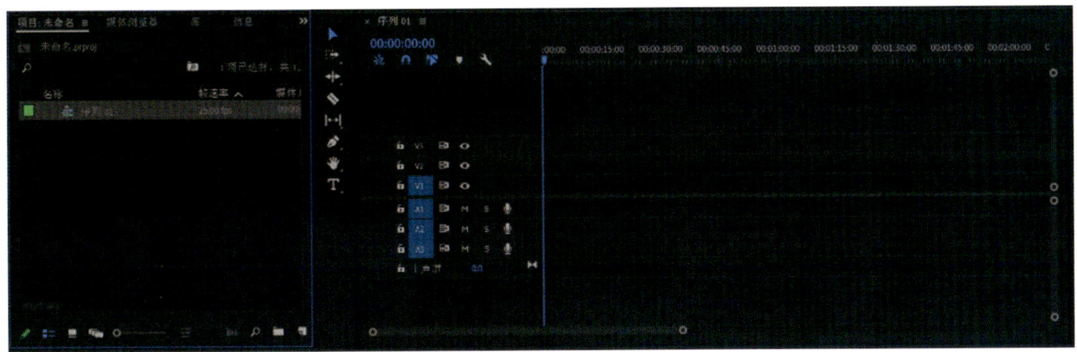

图1-23　新建序列完成后的界面

序列面板也就是时间轴面板，当项目中没有序列时，面板左上角显示为“时间轴”；当在项目中创建序列之后，面板左上角显示为“序列01”“序列02”等，可在创建序列时修改序列名。

（2）通过右击新建序列

在项目面板的空白处右击，在弹出的快捷菜单中执行“新建项目”→“序列”命令（图1-24），在弹出的“新建序列”对话框中可以选择默认的序列格式，也可以进行自定义序列设置。在“新建序列”对话框中单击“设置”按钮，将“编辑模式”更改为“自定义”，接着设置视频的参数及“序列名称”，完成后单击“确定”按钮，即可自定义序列。此时在“节目”监视器中也会出现新建序列的尺寸（图1-25）。

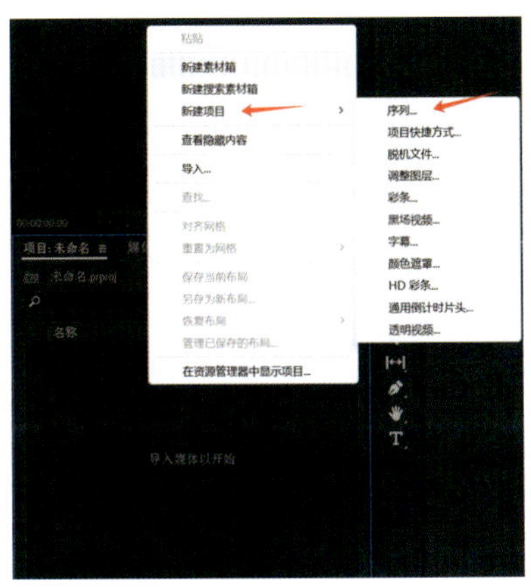

图1-24　新建序列界面

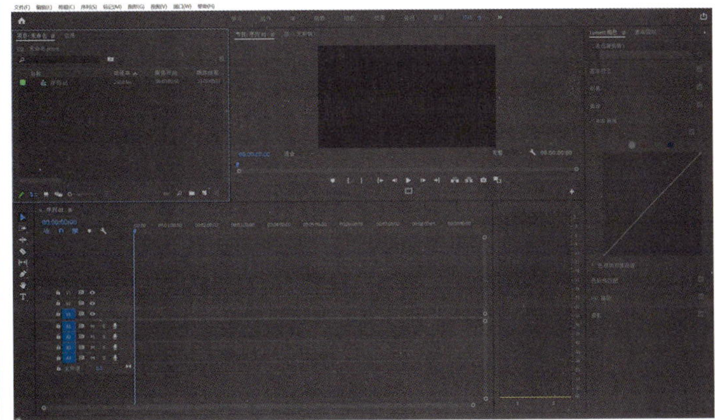

图1-25　序列建成后主页界面

3. 导入素材

在Premiere Pro中有多种导入素材的方式。下面介绍使用不同方式导入不同素材的具体操作方法。

（1）导入视频素材

新建序列后，执行“文件”→“导入”命令，或使用快捷键

Ctrl+I，或在项目面板的空白处右击，在弹出的快捷菜单中点击“导入”命令（图1-26），在弹出的“导入”对话框中选择需要的素材，单击“打开”按钮（图1-27），即可将选中的素材导入项目面板（图1-28）。

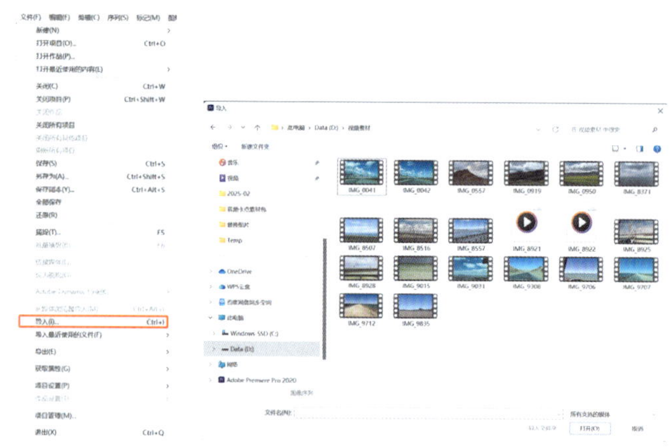

图1-26　选择“文件”→“导入”

图1-27　“导入”对话框

图1-28　导入完成后的项目面板

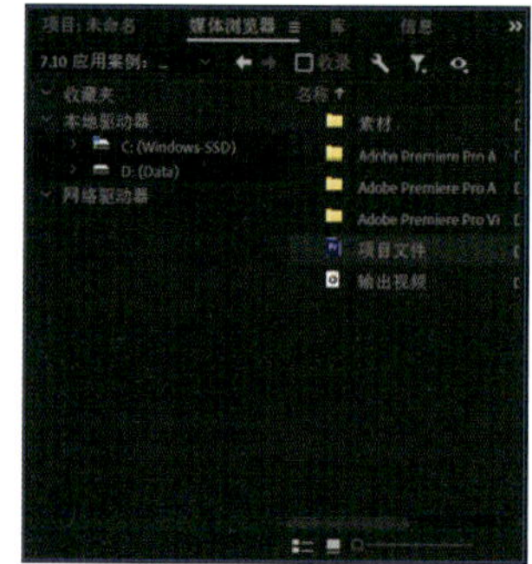

图1-29　媒体浏览器面板

（2）导入项目文件

打开媒体浏览器面板，接着打开素材所在的文件夹，选择一个或多个素材后右击，在弹出的快捷菜单中点击“导入”命令，即可将需要的素材导入项目面板（图1-29）。

4. 打开项目文件

打开项目文件是指将已经存在的工程文件在Premiere Pro中打开，下面介绍几种常见的打开方式。

（1）在主页中打开项目

启动Premiere Pro软件时，在主页中单击“打开项目”按钮（图1-30）。在弹出的“打开项目”对话框中选择文件所在的路径，选择Premiere Pro项目文件，单击“打开”按钮（图1-31），即可将选中的项目文件在Premiere Pro中打开（图1-32）。

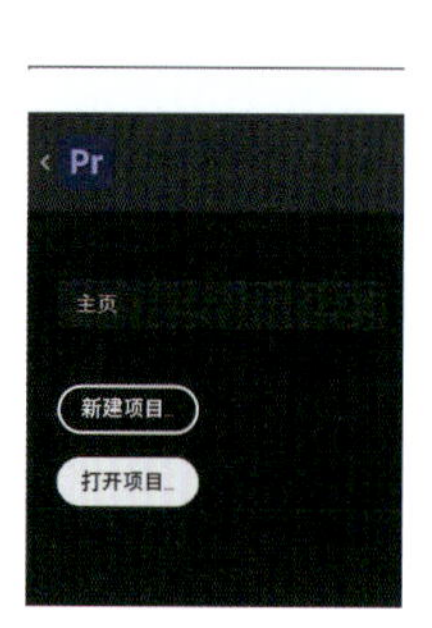

图1-30　主页中“打开项目”按钮

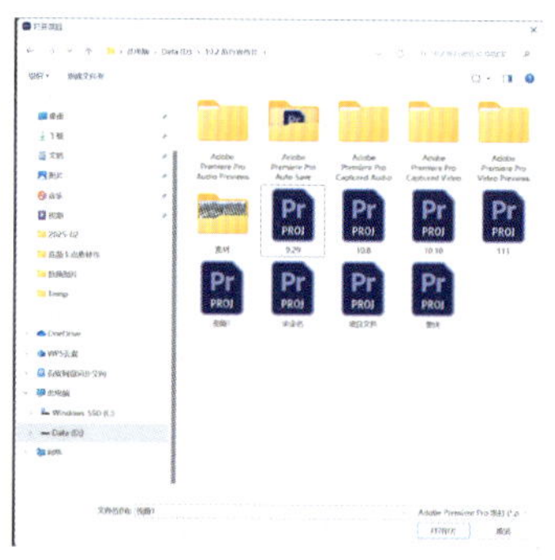

图1-31　“打开项目”对话框

图1-32　打开项目后的主页界面

（2）用“文件”菜单打开项目

进入Premiere Pro的工作界面，执行“文件”→“打开项目”命令（图1-33），或按快捷键Ctrl+O，在弹出的“打开项目”对话框中选择Premiere Pro项目文件，单击“打开”按钮，即可将选中的项目在Premiere Pro中打开（图1-34）。

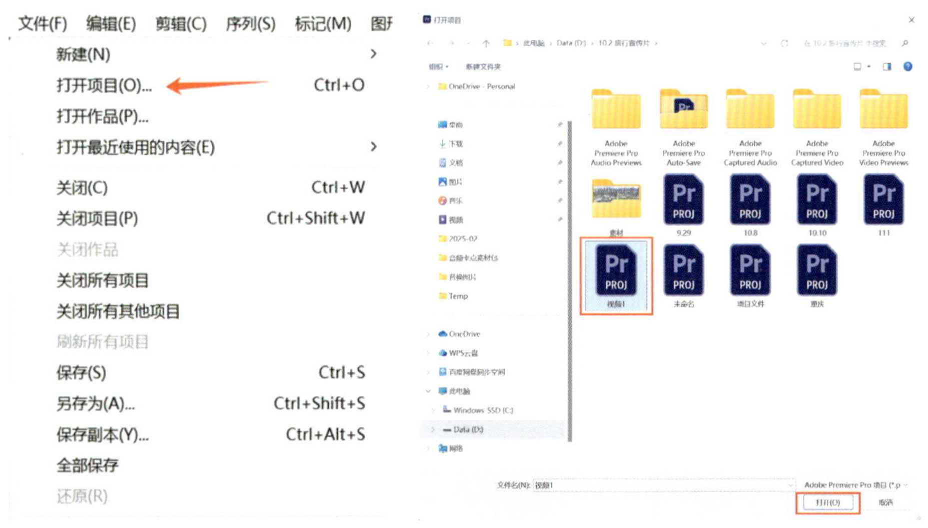

图1-33　选择“文件”→“打开项目”　　图1-34　在“打开项目”对话框中选中文件

5.重命名素材

剪辑视频时，可以对素材编序或对素材重命名，这样在寻找素材时就会一目了然。下面介绍两种重命名素材的方式。

方法一：将素材导入项目面板中，将光标放在素材上方，右击素材，在弹出的快捷菜单中执行“重命名”命令，即可重新编辑素材名称（图1-35）。

方法二：在项目面板中选择素材文件，单击即可为素材重新命名（图1-36）。

图1-35　“重命名”命令

图1-36　在项目面板中重命名

6.替换素材

打开Premiere Pro的工作界面，将素材导入项目面板中，右击需要替换的素材，在弹出的快捷菜单中执行“替换素材”命令（图1-37）。

此时将弹出“替换素材”对话框，在对话框中选择需要替换的素材，然后单击“选择”按钮（图1-38），此时选中的素材将被替换。

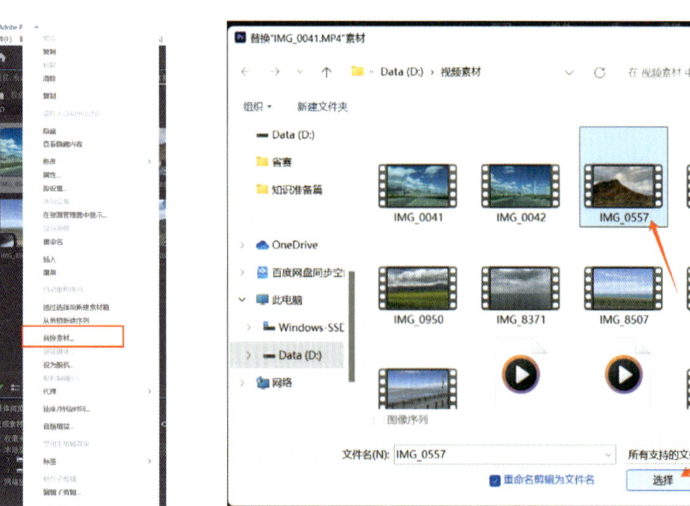

图1-37　选择“替换素材”选项

图1-38　“替换素材”对话框

知识五 剪辑的项目类型

1. 自媒体短视频

在数字媒体时代，自媒体短视频快速发展，短视频被广泛应用于各个行业，Premiere Pro作为剪辑性能较强的软件之一，得到许多短视频用户的青睐。通过Premiere Pro软件可以轻松地完成简单的合成和动画制作（图1-39）。

2. 宣传片

在制作宣传片时，Premiere Pro可在视频剪辑、特效添加、片头包装等环节发挥重要作用。通过Premiere Pro不仅可以制作企业宣传片，还可以制作类似的活动、文化等各类宣传片。以企业宣传片为例，此类视频是一种阶段性总结的动态艺术化展播形式，用于回望过去，代表了企业形象、经营理念等，主要传达给观者一种正面形象。此类视频的剪辑切忌使用浮夸的技巧，主要以和谐、舒缓的节奏进行剪辑（图1-40）。

图1-39 自媒体视频

图1-40 宣传片截图

3. 广告设计

广告设计主要是利用图像、文字、声音、色彩等元素，结合广告媒体的特征，在计算机上通过相关设计软件来实现表达意图，宣传商品、活动、主题等，以达到吸引观者眼球的目的（图1-41）。

4. MG动画

MG动画也称为动态图形或图形动画，是近年来比较流行的一种动画风格。MG动画由多种制作软件制作而成，包括Cinema 4D、Premiere Pro、Illustrator、After Effects等。MG动画多为扁平化风格，相较于普通动画，MG动画的制作时间更短、节奏更快，能够在短时间内将大量信息融入画面，将碎片化信息进行整合，比较符合当前互联网的传播特点以及受众的偏好（图1-42）。

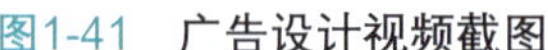
图1-41　广告设计视频截图

图1-42　MG动画截图

5. 电视栏目包装

电视栏目包装主要是对电视节目、频道的整体形象进行外在形式要素的规范和强化，这些外在形式要素包括声音、图像等，可在Premiere Pro中编辑。电视栏目包装的目的是突出节目的特色，增强节目的辨识度，统一节目的风格，为观众带来丰富的视觉体验（图1-43）。

6. 微电影

微电影指微型电影，也称微影，是通过互联网新媒体平台传播的时长为30～60分钟的影片，制作期通常为7～15周，时长短于一般的电影时长，规模较小，且能通过互联网平台进行发行。其内容涵盖了时尚潮流、公益教育、商业定制等主题（图1-44）。

图1-43　电视栏目包装截图

图1-44　《联众荆州》微电影截图

学习评价

请根据自己的学习情况完成下表，并按掌握程度填涂☆。

学习评价表

知识与技能点	我的理解（填写关键词）	掌握程度
线性编辑是什么?		☆☆☆
非线性编辑是什么?		☆☆☆
收获与心得		

模块二

短视频剪辑

岗位要求

① 掌握视频剪辑的基本流程，能完成素材编排、音乐编排、技巧转场、字幕添加等岗位工作任务。

② 能够在团队中担任宣传片剪辑师角色，完成短视频从素材整理到成品导出的全流程工作。

学习目标

1. 知识目标

掌握短视频剪辑的基本流程：素材编排、音乐编排、技巧转场、字幕添加、影片导出。

2. 能力目标

① 通过实践掌握完成短视频作品制作的能力。

② 通过实践解决短视频制作过程中的各类技术问题。

3. 素质目标

① 具备良好的审美能力，通过视频制作掌握剪辑的节奏感。

② 具备良好的职业道德素养，通过认真负责地完成项目，培养剪辑师所必需的素质。

学习重点

素材编排，音乐编排，字幕添加。

学习难点

通过调整素材、音乐、字幕效果，达到提高影片完成度的目的。

知识一 视频剪辑概述

1. 常规视频剪辑简介

常规的视频剪辑是使用软件对视频源进行非线性编辑的过程。这涉及将收集或拍摄好的视频、音频、图片等素材，通过切割、合并、重组、二次编码等操作，将加入的图片、背景音乐、特效、场景等素材与视频进行重新混合，生成具有不同表现力的新视频。

2. 短视频简介

（1）定义

短视频，作为互联网内容传播的新形式，依托移动终端，时长从几秒至几分钟，涵盖多领域内容。

（2）特点

①简洁明了：时间短，能迅速吸引注意力，传递核心信息。

②内容精准：精心策划，整合关键信息，将信息价值最大化。

③形式多样：可通过动画、特效等手法增加趣味性。

④美学追求：注重画面美感和观赏性。

⑤创意突破：通过独特的情节、有趣的角度吸引观众，激发分享欲。

⑥轻松娱乐：以轻松愉悦为主题，为受众带来欢笑和放松。

⑦社交分享：方便分享至社交媒体，增强互动性。

⑧移动终端优势：随时随地观看，便捷性高。

⑨低成本高传播：生产门槛低，传播渠道丰富，易实现裂变传播。

⑩传受界限模糊：用户既是观众也是创作者，传受界限模糊。

知识二 淡入淡出

1. 基本概念阐释

淡入：画面从全黑逐渐明亮，直至画面内容完全显现，如剧场的幕布缓缓拉开，预示故事新篇章或场景的开始，引导观众进入新的情境。

淡出：画面从清晰逐渐暗淡至全黑，如剧场落幕，标志着某个情节段落或场景的结束，给观众留下回味空间，同时预示着即将步入新的叙事阶段。

2. 应用情境与意义

（1）淡入的运用

①作为影片或章节的开场，缓缓揭开故事的序幕。

②在章节、场景转换或地点变迁时，平滑地引领观众进入新环境。

（2）淡出的运用

①在影片或章节的收尾，给予观众一个缓和的告别。

②标志章节、场景或地点的结束，为下一部分的开始预留心理缓冲。

（3）作用解析

①淡入淡出作为过渡桥梁，使故事流转自然，避免突兀的切换。

②它们为观众提供了情感与思想上的过渡空间，增强了观影体验。

③通过这种技巧，影片的节奏与情绪得以微妙调控，丰富了艺术表达。

3. 实施要点与建议

在实际操作中，淡入淡出的时间长度须依据影片的整体风格、情节需要及观众感受来灵活调整，通常持续数秒不等。重要的是确保过渡的流畅性，避免给观众带来突兀或不连贯的感觉。在选择是否使用淡入淡出时，应考虑主题或剧情的连贯性、对比强度以及所需营造的氛围，适时选用最合适的过渡方式。

任务一 图片视频剪辑

1. 任务描述

本任务主要学习制作街拍翻页相册。翻页相册视频是一种呈现照片的有趣形式，通过这样的方式能快速简洁地呈现日常的生活记录，留住和分享生活的精彩瞬间。从自己的生活日常开始进行视频创作是和个人高度相关的，也会使学习者更有动力进行之后的创作和学习。本任务要求通过对素材进行整理归类，增加特效，最后输出MPEG视频格式，完成一个简单的剪辑任务，以熟悉Premiere软件和剪辑的基本流程。

2. 任务准备

将准备好的照片素材放置在单独的文件夹中。在这个文件夹中，素材要单独存放，以便之后进行快速导入时不至于产生混乱。如图2-1 ~ 图2-3所示。

图2-1 为素材建立文件夹

图2-2 将素材整理好

图2-3 确认素材

3. 任务实施

步骤1：启动Adobe Premiere Pro 2021。

步骤2：单击“文件”→“新建”→“项目”，如图2-4所示，选中项目。

步骤3：弹出对话框，将“名称”右侧的文件名称改为“照片项目”，随后点击下方的“位置”最右侧的“浏览”按钮，如图2-5所示。

步骤4：弹出对话框，找到“翻页相册”文件夹，找到存放照片的“照片”文件夹，点击“选择文件夹”，完成“位置”的设置。其他内容不更改，点击下方的“确定”，如图2-6所示。

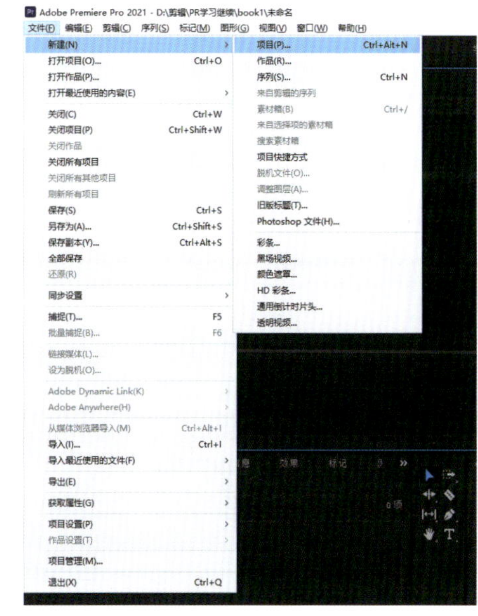

图2-4 单击“文件”→“新建”→“项目”

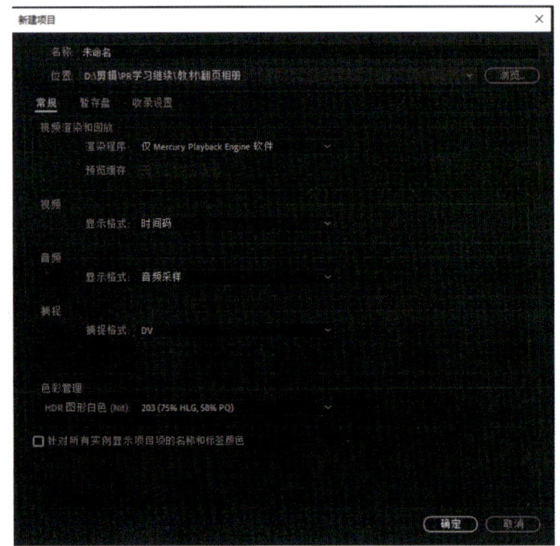

图2-5　修改文件名称并确认项目建立位置

图2-6　设置项目建立的位置

此时在系统文件中，已在“照片”文件夹旁边建立了一个名为“照片项目”的工程文件。在使用Premiere进行视频剪辑时，可以在制作项目中途的任何一个时间停止制作，所以工程文件尤为重要，如未制作完成，也可以通过双击工程文件继续进行项目制作，如图2-7所示。

图2-7　核实工程文件位置

步骤5：单击“文件”→“导入”，在弹出的对话框中找到“照片”文件夹，单击“打开”，框选文件内的所有素材，单击“打开”，将照片全部导入Premiere左下方的项目窗口中，如图2-8、图2-9所示。

图2-8　框选素材并打开

图2-9　将素材拖进项目窗口

步骤6：单击素材项目窗口右下角的“新建项”→“序列”，弹出“新建序列”窗口，在上部菜单母项中单击“设置”。将“编辑模式”设置为“自定义”，将“帧大小”设置为“1920”，将“水平”设置为“1080”，将“像素长宽比”设置为“方形像素（1.0）”，将“场”设置为“无场（逐行扫描）”。最后单击“确定”，建立时间轴。如图2-10～图2-12所示。

图2-10 单击“序列”

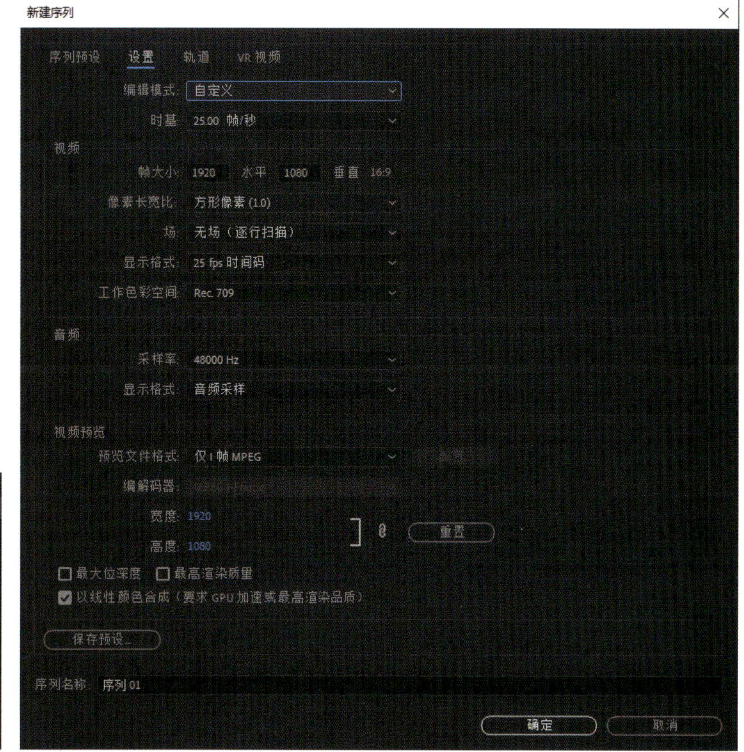

图2-11 设置时间轴参数

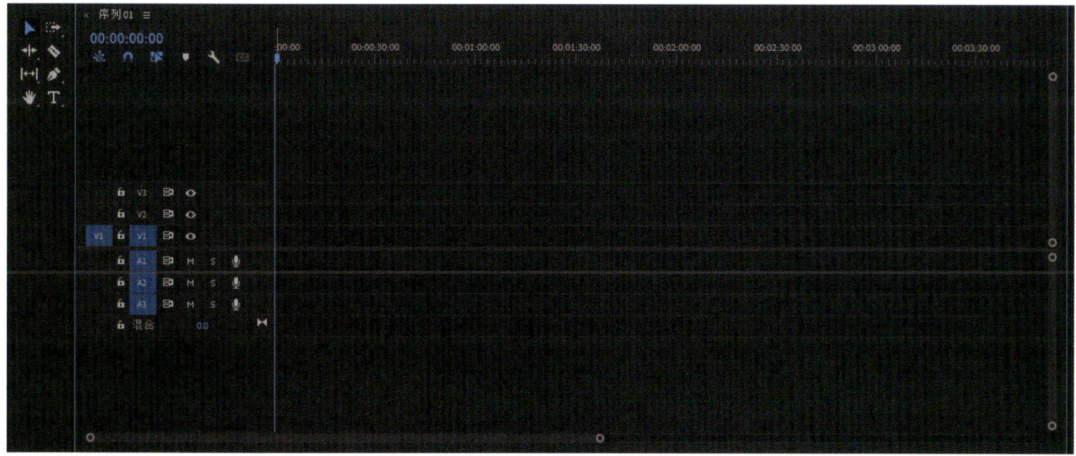

图2-12 建立时间轴

步骤7：在软件左下角的项目窗口中框选全部照片，按住鼠标不放，将其拖拽至右侧时间轴上，如图2-13所示。

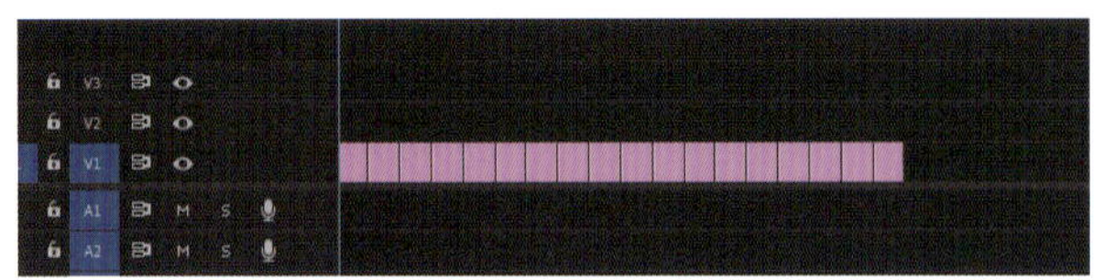

图2-13　将素材拖拽到时间轴上

步骤8：点击“文件”→“新建”→“旧版标题”，如图2-14所示。

步骤9：在“新建字幕”对话框中，保持默认设置，点击“确定”，如图2-15所示。

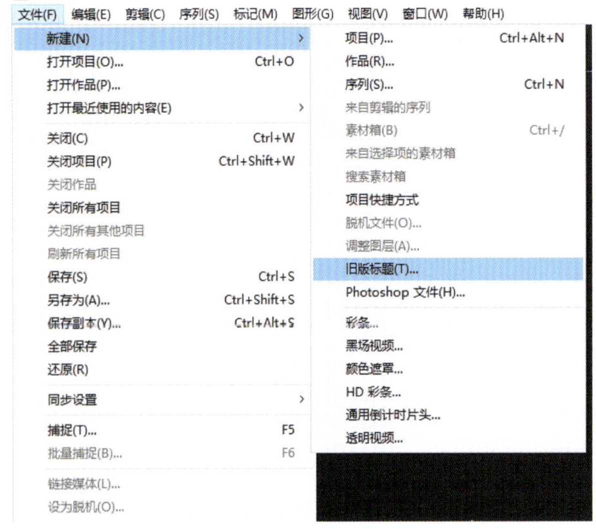

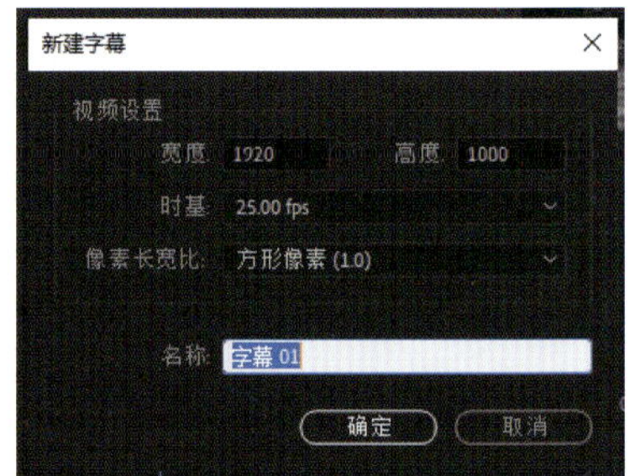

图2-14　点击“文件”→“新建”→“旧版标题”　　图2-15　字幕保持默认设置

步骤10：在旧版标题编辑框（图2-16）中，单击左上方的“T”，再单击视频画面区域，输入“街拍”“2024.01.06.”。

步骤11：单击左上角的“选择工具”，结束文字编辑，调整文字位置，如图2-17所示。

图2-16　旧版标题编辑框　　图2-17　调整文字位置

步骤12：选中“街拍”，在编辑框的上方，把文字改为“思源宋体CN”或其他字体，如图2-18所示。在字体的旁边，有文字大小调整框，默认为100，将其调整为190，如图2-19所示。

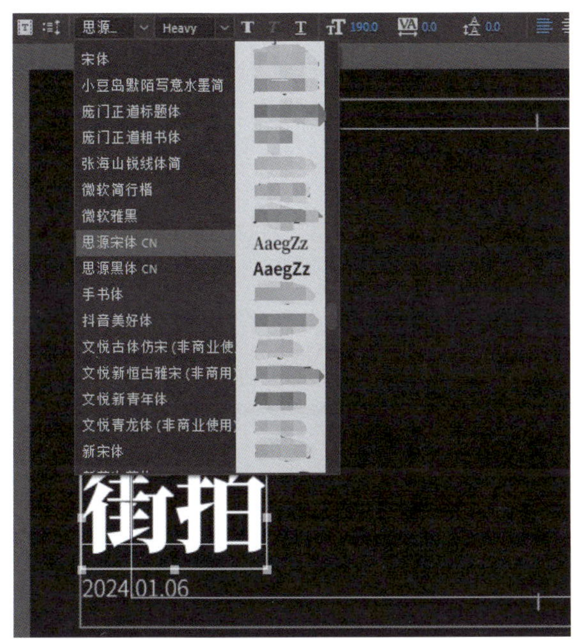

图2-18　选择适当字体

图2-19　调整文字大小

步骤13：在右侧旧版标题属性栏里，把文字的颜色调整为橘黄，如图2-20、图2-21所示。调整完后关闭旧版标题工具。

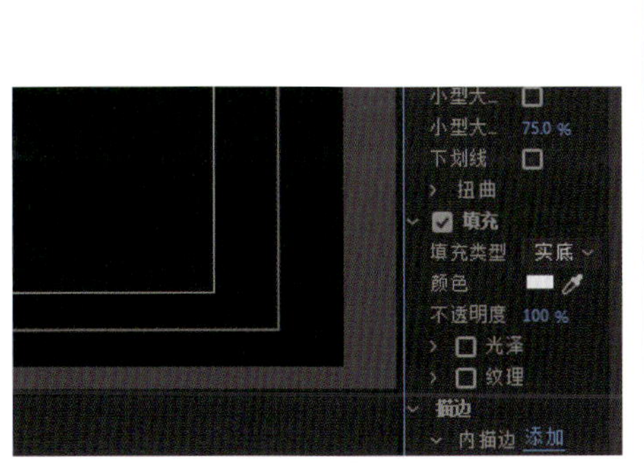

图2-20　右侧属性栏

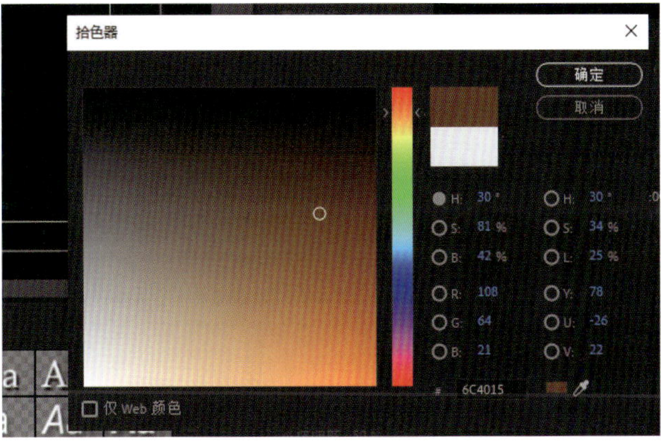

图2-21　选择颜色

步骤14：在左下角的项目窗口中出现了新建好的字幕素材，如图2-22所示。将新建好的字幕拖拽到时间轴上，由于位置靠前，所以背景是黑色的。如图2-23所示。敲击键盘的“Space”空格键，可以进行播放，此时时间轴开始向右随着播放进度移动，再次敲击空格键会停止播放。

图2-22 字幕素材

图2-23 将字幕素材放在其他素材之前

步骤15：日常拍摄和搜集的素材（照片/视频）来自不同的设备或者是转存自互联网，所以它们的尺寸并不一致，因此会出现照片和先前所设置的背景规格不一致，呈现出或小或大的情况。如图2-24、图2-25所示。

图2-24 照片无法填充画幅

图2-25 照片超出画幅边框

要解决这个问题，可以框选所有素材，单击鼠标右键，弹出选项菜单，选中“缩放为帧大小”，此时所有的素材都会在时间轴所设置的范围内缩放至最大，这样就保证了素材的统一性，如图2-26、图2-27所示。

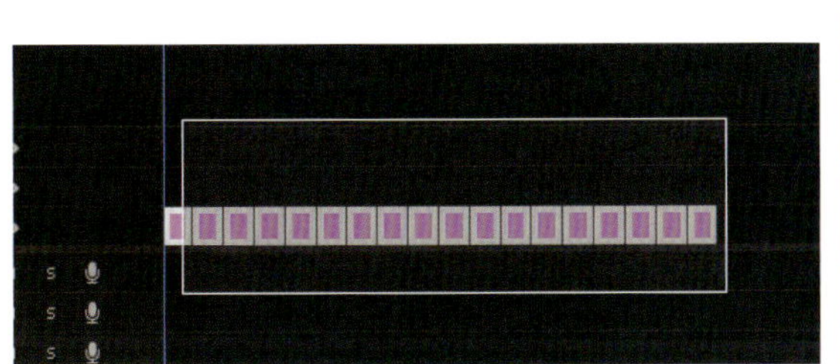

图2-26 选中所有素材

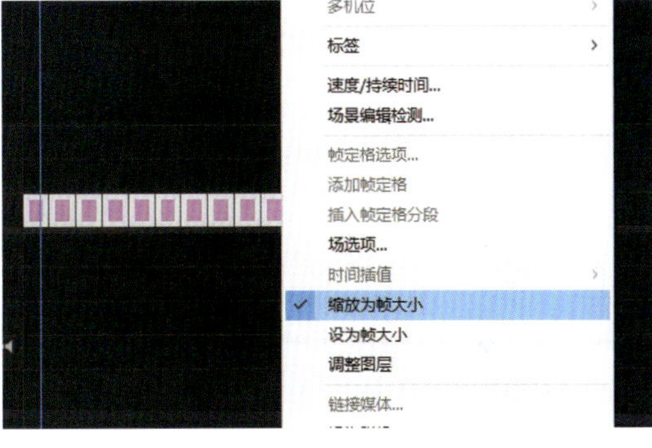

图2-27 选中“缩放为帧大小”

步骤16：现在每个素材的播放时间都为5秒，显然对一个相册来说时间太长了。将鼠标放置在素材上，单击右键，弹出选项菜单，选中“速度/持续时间”（图2-28），弹出窗口，将鼠标放置在持续时间的数字上（图2-29），将“00：00：05：00”中的5改为2或3，完成修改后单击“确定”。

此时素材之间出现了间隙，如图2-30所示。

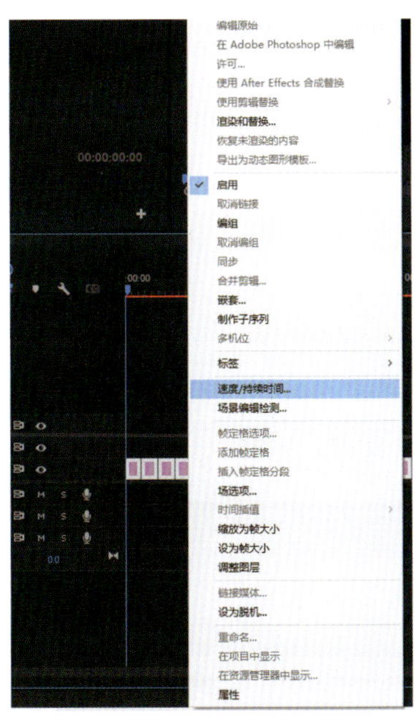

图2-28 选中“速度/持续时间”

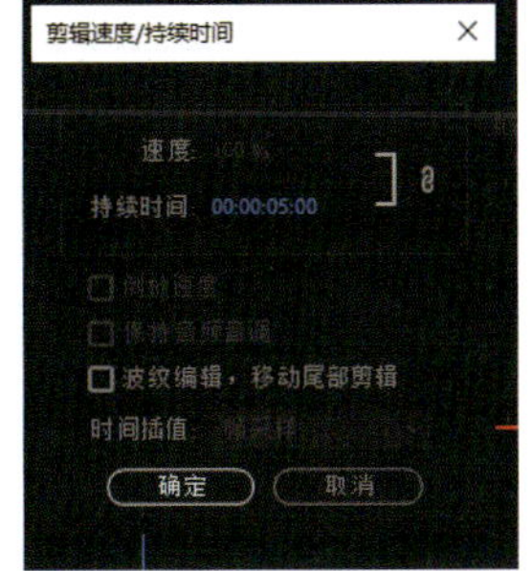

图2-29 修改持续时间

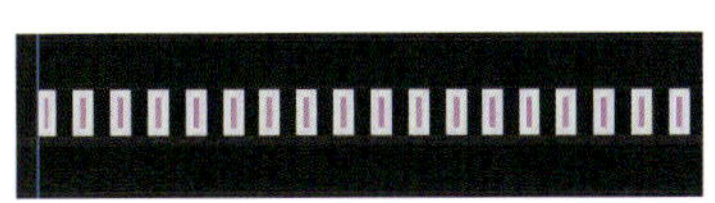

图2-30 素材缩短时间后出现间隙

步骤17：利用以下三种方式消除间隙。

其一，单击鼠标左键选中素材，将素材一个一个地拉在一起。

其二，用鼠标左键单击素材中的间隙，再单击右键，弹出“波纹删除”，单击即可消除间隙，如图2-31所示。

其三，点击软件上方的“序列”，单击“封闭间隙”，如图2-32所示。

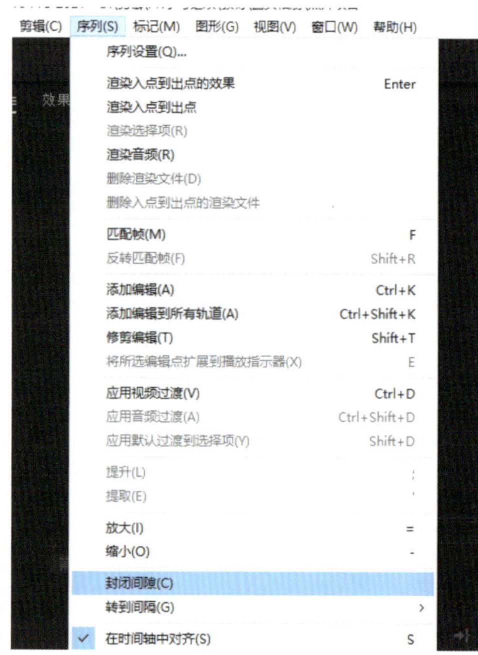

图2-31 消除间隙

图2-32 单击“封闭间隙”

步骤18：选中项目窗口右上角的双箭头，在弹出框中选择“效果”，如图2-33所示。在“效果”中，点击“视频过渡”→“溶解”→“黑场过渡”，如图2-34所示。

图2-33 选择“效果”

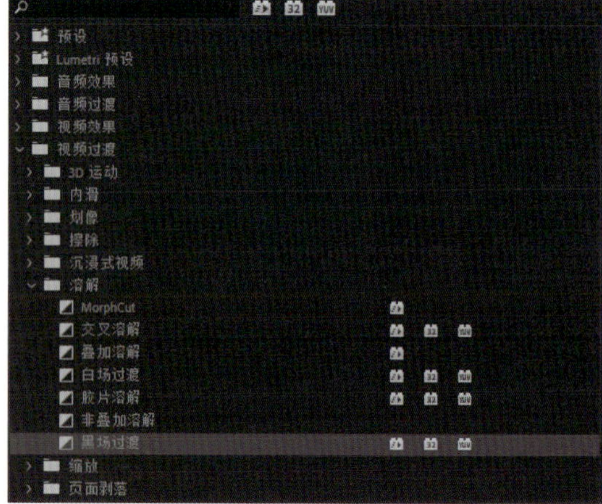

图2-34 “黑场过渡”选项

将“黑场过渡”拖拽至时间轴上的“字幕02”和第一个照片素材之间，可以用鼠标拖拽来延长和缩短过渡效果的时间，如图2-35、图2-36所示。

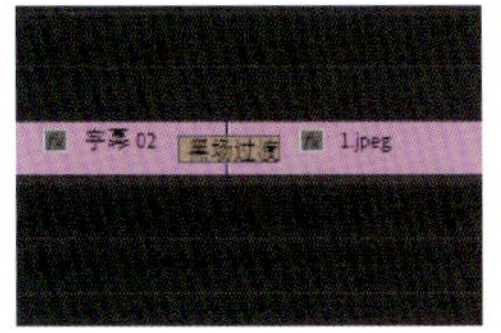

图2-35　放置黑场过渡

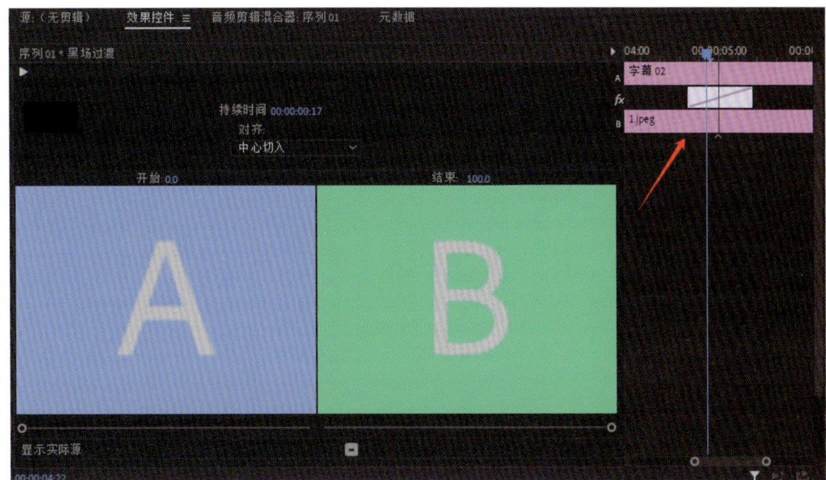

图2-36　在两个素材之间拖拽过渡的位置

步骤19：再将“黑场过渡”拖拽至最后一个素材末端，制作出自然的视频结束过渡效果，如图2-37所示。

图2-37　把过渡放置于素材末端

步骤20：单击“文件”→“导出”→“媒体”，如图2-38所示。

步骤21：在右侧“格式”中选择“H.264”，预设默认为“匹配源 · 高比特率”，单击“输出名称”后的蓝字，定位至输出视频文件的位置，最终点击“导出”，等待渲染结束，如图2-39所示。

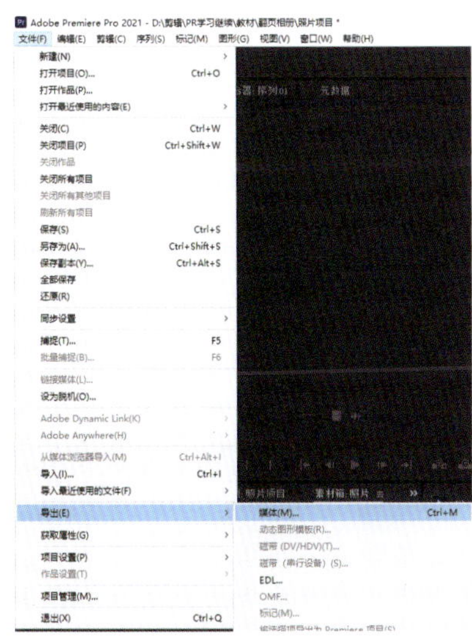

图2-38　单击“文件”→“导出”→“媒体”

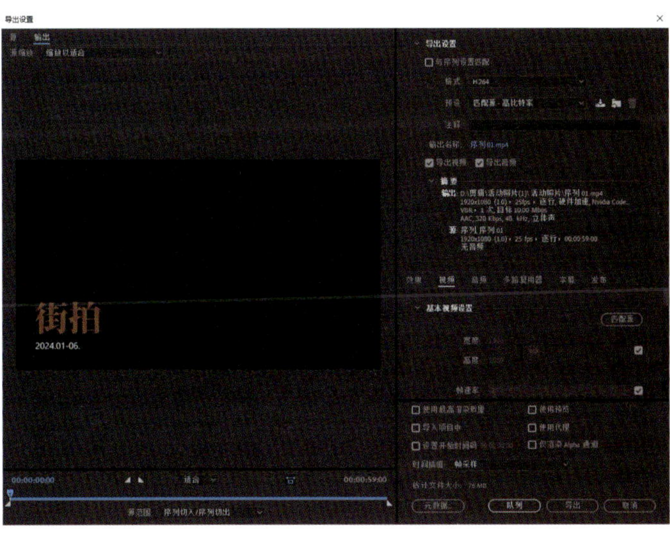

图2-39　其余设置

4. 任务评价标准

图片视频剪辑应达到以下效果。

①视觉：在照片的尺寸和视频的画幅之间找到合适的呈现尺寸，不应损失信息。

②叙事：每张照片的持续播放时间不能太短，否则无法获得良好的欣赏体验，也不能太长，以免让观众丧失耐心。

③情感共鸣：照片的选择在当下阶段还是以打动自己为出发点。

④技术细节：淡入淡出转场得当，视频开头不能太突兀，素材之间不能出现间隙，标题文字不能在黑幕结束后依旧留在画面中，以免和照片一起出现，既不能凸显标题，也遮挡了照片，影响欣赏。

5. 拓展性训练

主题确定：围绕家庭成员进行短视频创作。

创意策划：收集家庭成员的照片，也可以尝试拍摄朋友或宠物等另一种意义上的“家庭成员”。

拍摄与制作：个人制作，也可以小组合作，运用本模块中的技能进行素材整理、剪辑。

成果展示：完成后分享至社交媒体平台。

任务二 短视频剪辑

1. 任务描述

本任务主要学习制作一部记录日常风光的短视频。在制作时，需要从视频素材中提取剪辑所需的部分，再加入音频，综合适当的转场特效，然后添加字幕，让视频整体的节奏更加和谐得当。

2. 任务准备

将准备好的视频素材放置在单独的文件夹中。在这个文件夹中，要将素材单独存放，以便之后进行快速导入和保存。如图2-40所示。

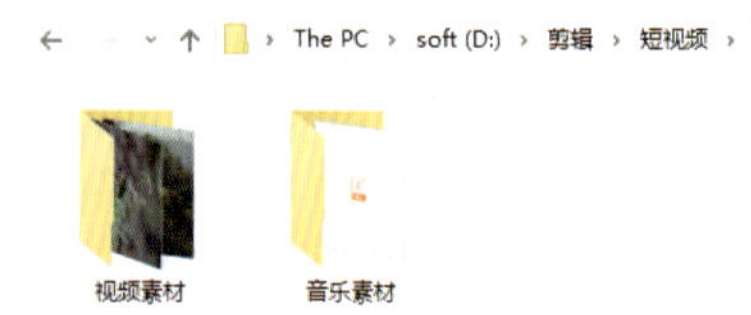

图2-40 素材分类

3. 任务实施

步骤1：启动Adobe Premiere Pro 2021。

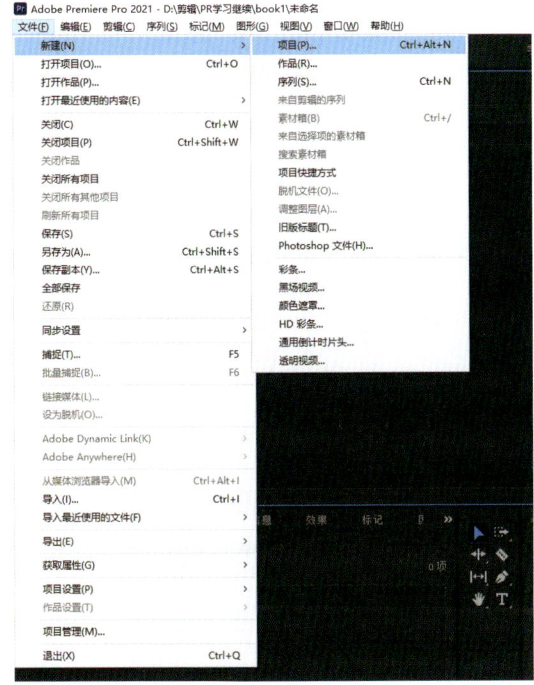

图2-41 选择“文件”→“新建”→“项目”

图2-42 单击“浏览”

步骤2：单击“文件”→“新建”→“项目”，如图2-41所示，选中项目。

步骤3：弹出对话框，将“名称”右侧的文件名称改为“短视频”，随后点击下方的“位置”最右侧的“浏览”按钮，如图2-42所示。

步骤4：弹出对话框，找到存放视频的“短视频”文件夹，点击“选择文件夹”完成步骤3中“位置”的设置。其他内容不更改，点击下方的“确定”，如图2-43所示。

步骤5：单击“文件”→“导入”，在弹出的对话框中找到“视频素材”文件夹，单击“打开”，框选文件内的所有素材，单击“打开”，将视频全部导入Premiere左下方的项目窗口中，如图2-44所示。以同样的方法导入音乐素材。

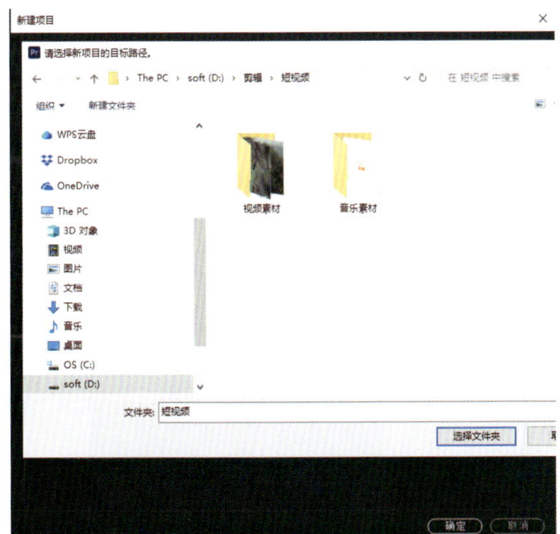

图2-43 找到素材所在文件夹

图2-44 将素材拖入项目窗口

步骤6：单击素材项目窗口右下角的“新建项”→“序列”，弹出“新建序列”窗口，在上部菜单母项中单击“设置”。设置“编辑模式”为“自定义”，“帧大小”为“1920”，“水平”为“1080”，“像素长宽比”为“方形像素（1.0）”，“场”为“无场（逐行扫描）”。最后单击“确定”，建立时间轴。如图2-45、图2-46所示。

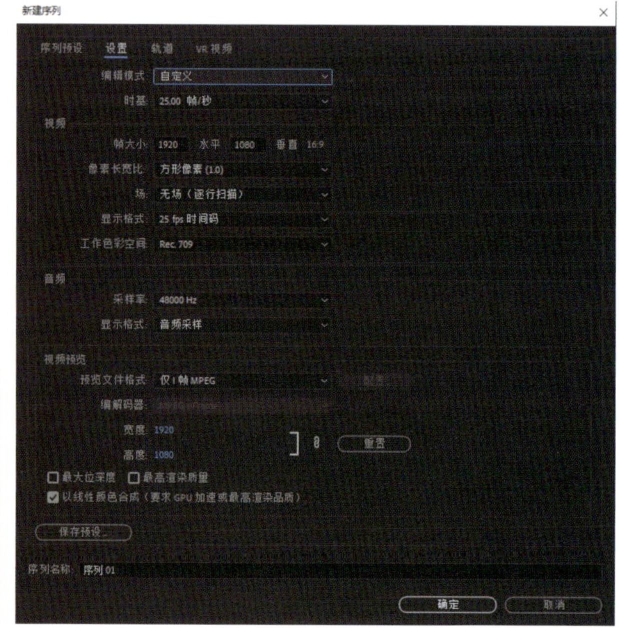

图2-45 新建序列　　图2-46 设置参数

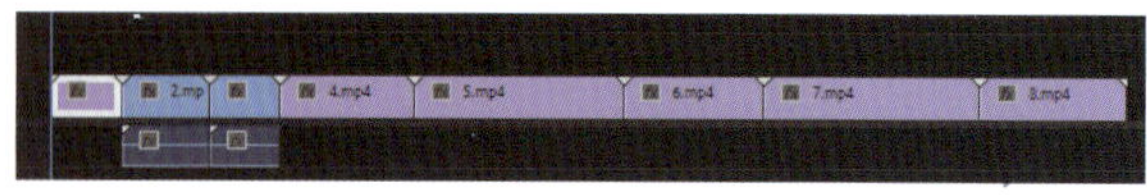

图2-47 拖拽至时间轴上

步骤7：在左下角的项目窗口中框选全部视频，将其拖拽至右侧时间轴上，如图2-47所示。

步骤8：点击“文件”→“新建”→“旧版标题”，如图2-48所示。

步骤9：在新建字幕对话框中，保持默认设置，点击“确定”，如图2-49所示。

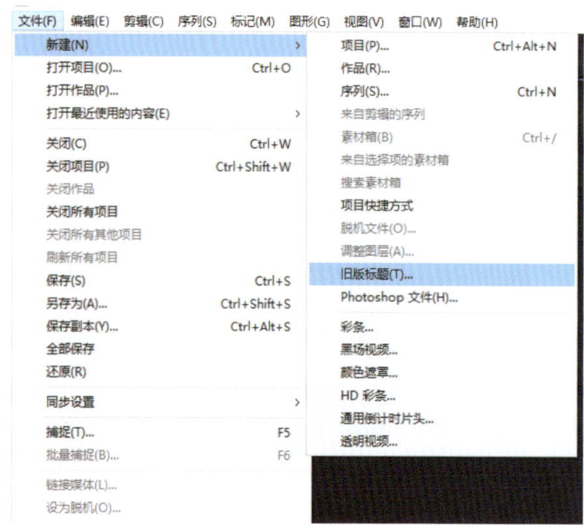

图2-48 新建旧版标题

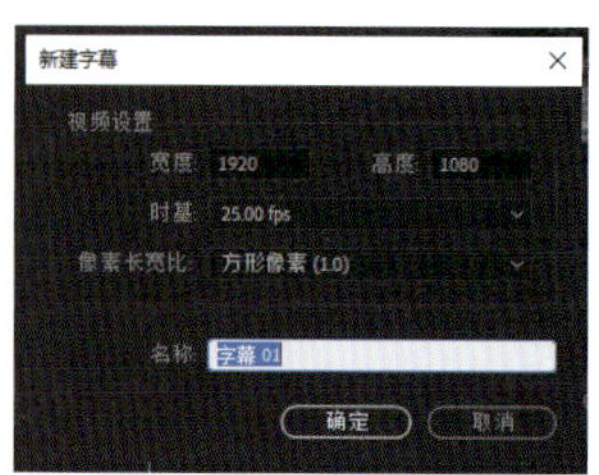

图2-49 字幕为默认设置

步骤10：在旧版标题编辑框中，单击左上方的“T”，再单击视频画面区域，输入“旅”“2024.07.21”“JOURNEY”，单击左上角的“选择工具”，结束文字编辑，调整文字位置，如图2-50所示。

步骤11：使用“对齐”→“中心”工具居中文字，使用之前，用键盘上的Shift键+鼠标左键选择多个文字进行调整，如图2-51、图2-52所示。

图2-50 输入文字

图2-51 对齐和居中工具

图2-52 多选文字

步骤12：选中“旅”，在编辑框的上方，将其改为“站酷高端黑”或其他字体，将“JOURNEY”改为FoxBot字体，将“2024.07.21”改为“思源黑体Light”字体。

步骤13：在字体的旁边有文字大小调整框，适度调整后如图2-53所示。

步骤14：选中“JOURNEY”后，在窗口右侧的“填充”功能中，单击“颜色”右侧的色块进行颜色调整，如图2-54～图2-56所示。调整完成后关闭旧字幕窗口。

图2-53 调整字体和大小

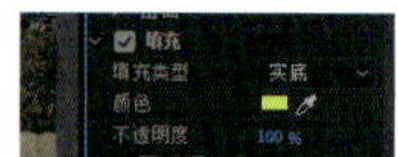

图2-54　找到“颜色”选项

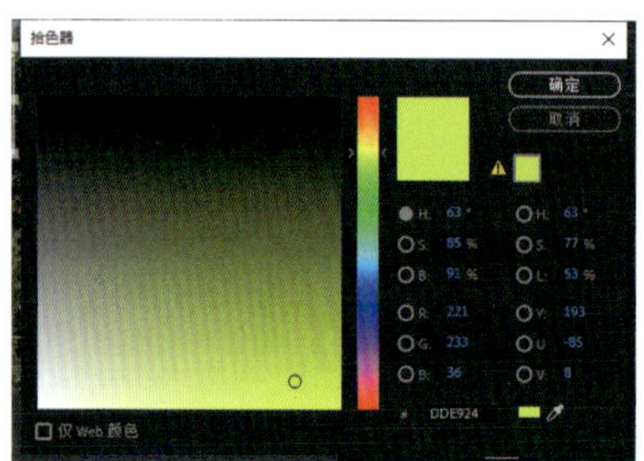

图2-55　选择颜色

图2-56　完成调整

步骤15：在窗口左下角出现字幕文件，将字幕拖至时间轴上，如图2-57、图2-58所示。

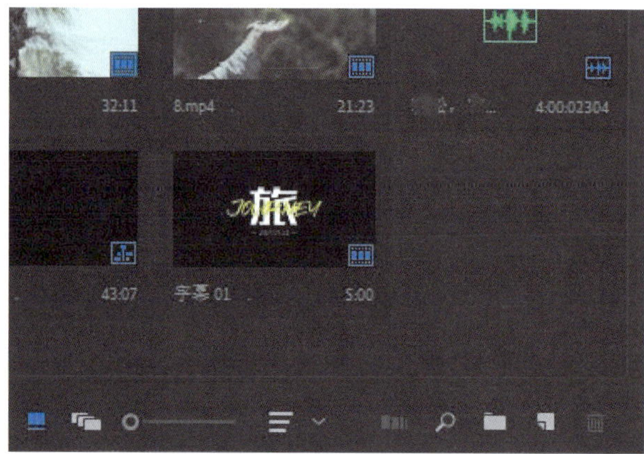

图2-57　找到项目窗口中的字幕素材

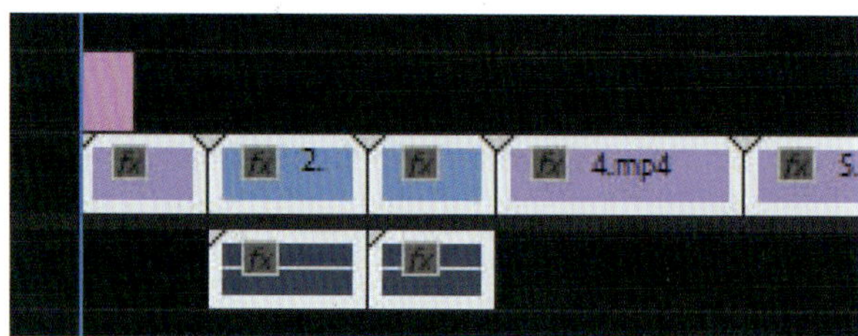

图2-58　将字幕素材拖进时间轴上

步骤16：开始制作字幕开头渐渐显现而后渐渐消失的效果。将时间指示器移动到在时间轴上的“字幕01”文件上，打开“效果控件”，将时间指示器移动到字幕初始帧，如图2-59所示。

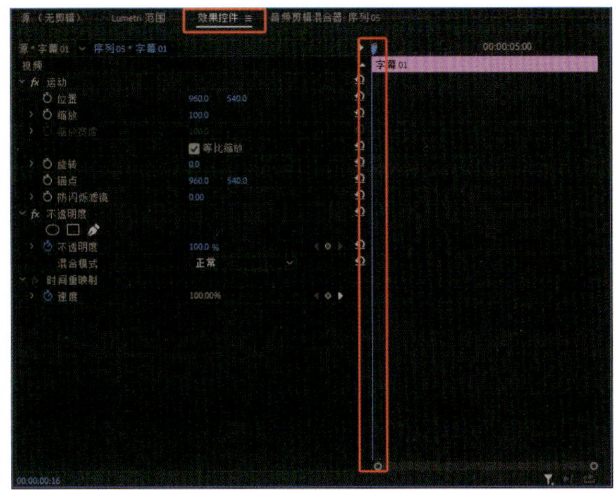

图2-59 选中“效果控件”查看时间指示器位置

步骤17：在“不透明度”选项中，单击“不透明度”前方的秒表，激活它。将不透明度调整为0%，随后拖动时间指示器到1秒后，再将透明度调整为100%，如图2-60、图2-61所示。

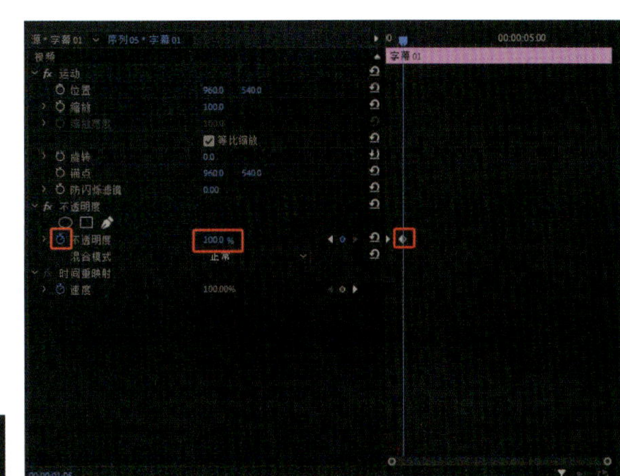

图2-60 调整不透明度

图2-61 激活从0到100的不透明度的关键帧

步骤18：将时间指示器拖至3秒后，点击“添加/移除关键帧”，将透明度调整为100%，随后再向右移动1秒，将透明度调整为0%，如图2-62、图2-63所示。

图2-62 确定另一个关键帧

图2-63 调整不透明度并确定结束关键帧

步骤19：将时间轴上的素材按照素材名编号的顺序在时间轴上排序，如图2-64所示。

图2-64 将素材拖进时间轴中

步骤20：双击素材1，在左上角的“源”预览窗口对当前选中素材进行播放，如图2-65所示。

图2-65 双击素材1

步骤21：在00：00：00：00处点击“标记入点”按钮，在00：00：07：06处点击“标记出点”按钮。以此选取素材中所需要的段落。如图2-66～图2-68所示。

图2-66 点击标记入点

图2-67 点击标记出点

图2-68 确定素材出入点位置

步骤22：按照以上步骤编辑以下素材。

素材2：标记入点时间为00：00：01：10，标记出点时间为00：00：04：19。

素材3：标记入点时间为00：00：00：00，标记出点时间为00：00：03：11。

素材4：标记入点时间为00：00：00：00，标记出点时间为00：00：05：20。

素材5：标记入点时间为00：00：00：00，标记出点时间为00：00：04：16。

素材6：标记入点时间为00：00：00：00，标记出点时间为00：00：04：17。

素材7：标记入点时间为00：00：00：00，标记出点时间为00：00：04：14。

素材8：标记入点时间为00：00：09：02，标记出点时间为00：00：18：00。

步骤23：单击鼠标右键，选择“波纹删除”，消除素材之间的间隙，如图2-69所示。

步骤24：将音乐素材从文件夹拖进项目框中（音乐素材可通过互联网共享资源获取或付费购买版权音乐），如图2-70所示。

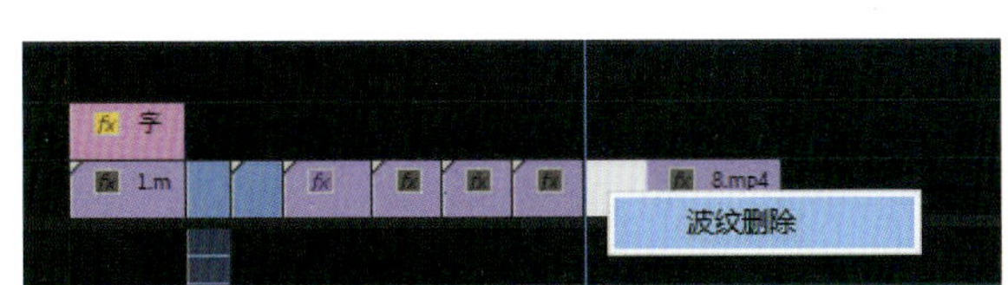

图2-69 消除间隙

图2-70 将音乐素材拖入项目窗口

步骤25：将音乐拖拽至时间轴上，如图2-71所示。

步骤26：将音乐素材的末端向回拉，直到和素材8的末尾对齐，如图2-72所示。

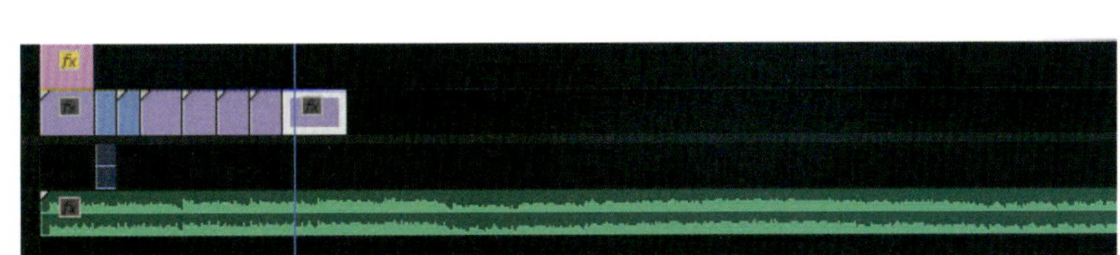

图2-71 将音乐素材拖进时间轴上

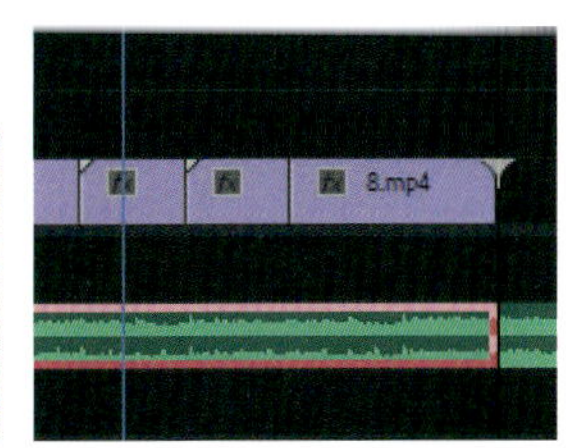

图2-72 将音乐素材与视频素材对齐

步骤27：点击左下方项目窗口右上角的双箭头符号，在弹出的下拉菜单中选择“效果”，如图2-73、图2-74所示。

步骤28：选择“视频过渡”→“溶解”→“黑场过渡”，如图2-75所示。

图2-73 找到项目窗口右上角的双箭头符号

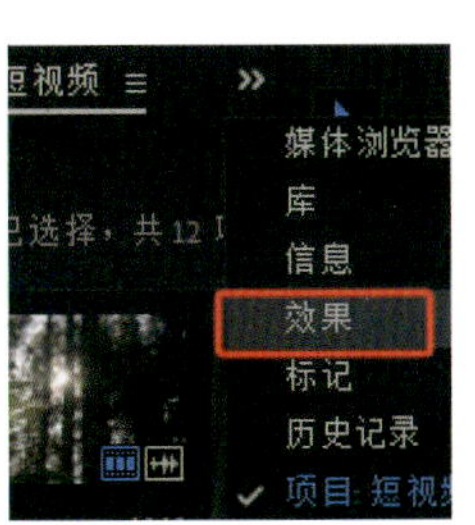

图2-74 点击“效果”

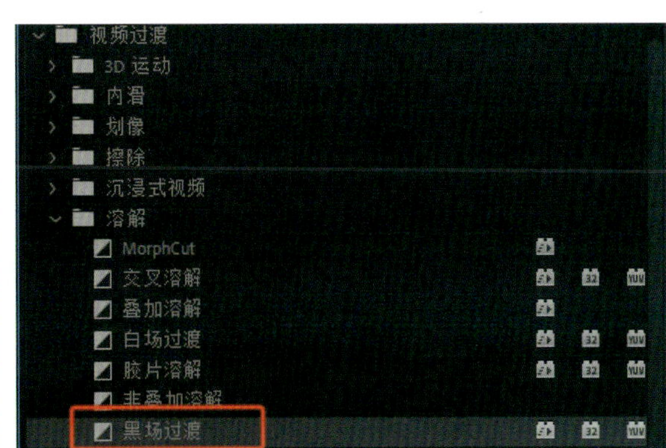

图2-75 找到“黑场过渡”

步骤29：将“黑场过渡”拖拽至素材1的前方和素材8的后端，如图2-76所示。

步骤30：将“字幕01”向右拖拽至时间轴1秒处位置，如图2-77所示。

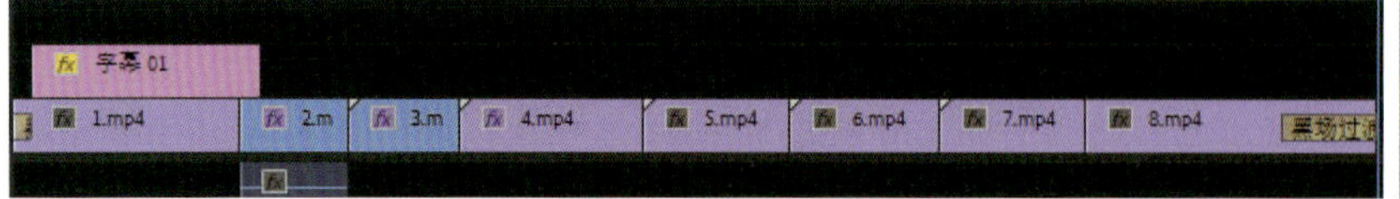

图2-76　将“黑场过渡”放置在素材的最前端和最后端

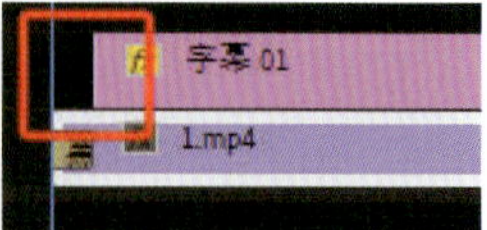

图2-77　调整字幕位置以达成更好的效果

步骤31：将素材8上的“黑场过渡”拉长至3秒，如图2-78所示。

步骤32：将鼠标放置在音频轨道的下方分界线上，如图2-79所示。

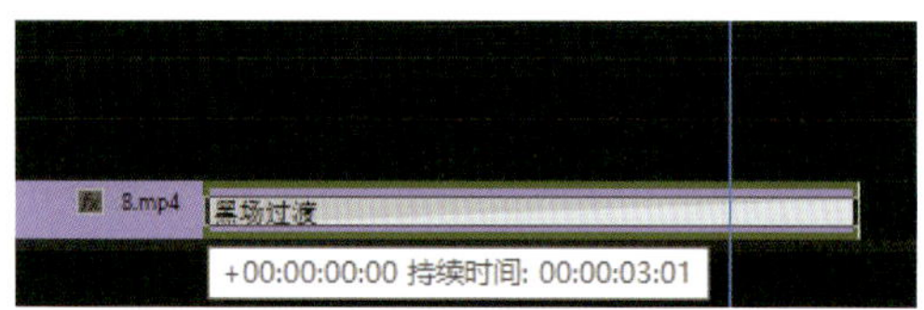

图2-78　将“黑场过渡”拉长至3秒

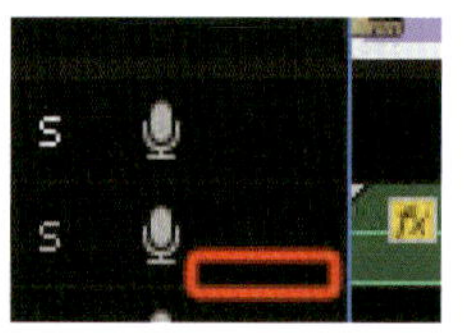

图2-79　将鼠标放于分界线上

步骤33：随后点击鼠标左键按住分界线，将分界线向下拉宽，如图2-80所示。

步骤34：左侧出现“添加-移除关键帧”，如图2-81所示。将时间指示器拉至尾端前3秒，点击“添加—移除关键帧”，而后在末端也添加关键帧，如图2-82所示。

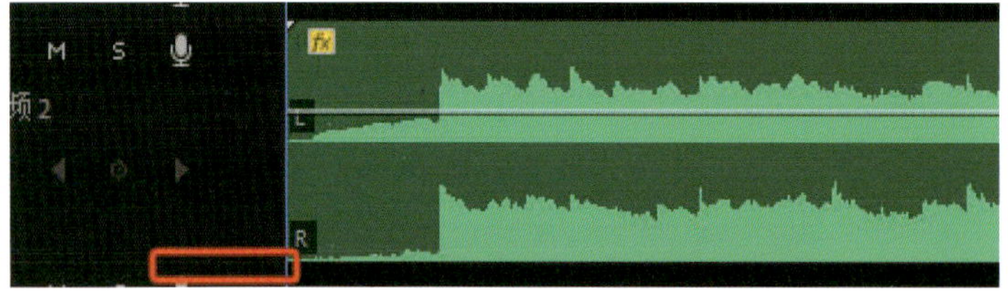

图2-80　拉宽分界线直到出现音频线

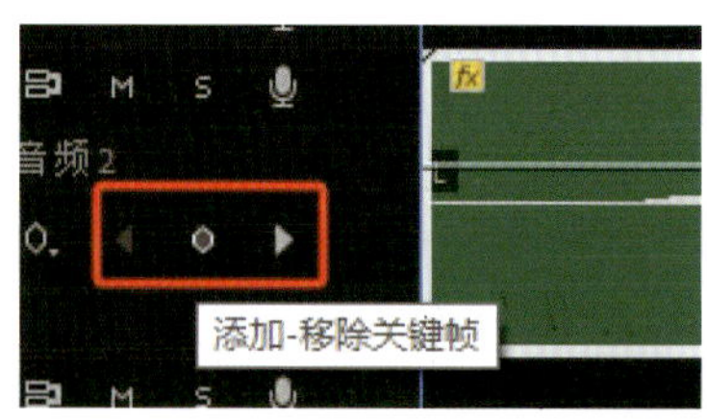

图2-81　出现“添加-移除关键帧”

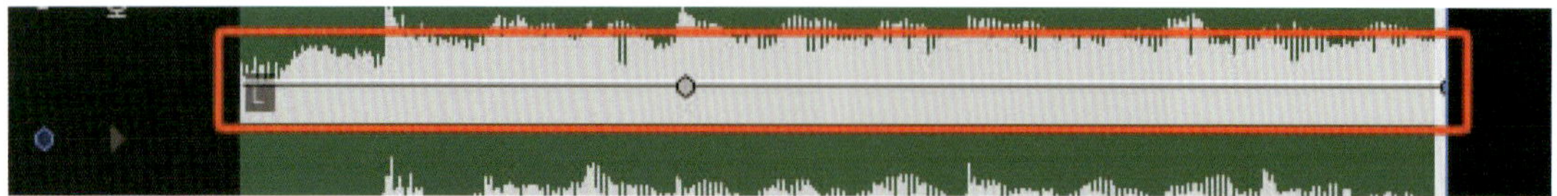

图2-82　建立两个关键帧

步骤35：向下拖拽尾端的关键帧点，制作音乐从高到低的过渡，如图2-83所示，音乐实现了由高到低结束的自然过渡。

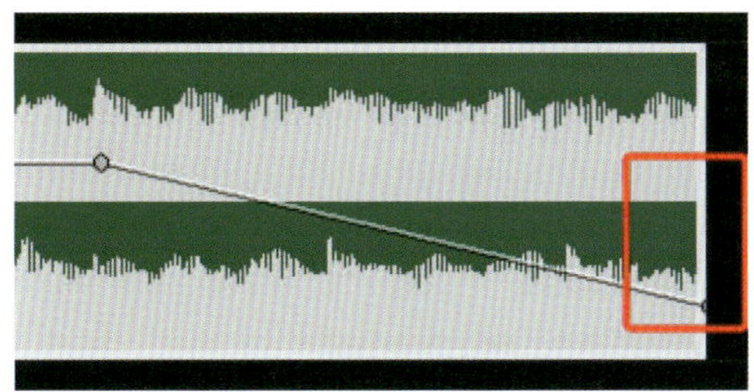

图2-83　向下拖拽末端关键帧

步骤36：单击“文件”→“导出”→“媒体”，如图2-84所示。

步骤37：在右侧“格式”中选择“H.264”，预设默认为“匹配源-高比特率”，单击“输出名称”后的蓝字，定位到要输出视频文件的位置，确保勾选“导出视频”“导出音频”。最终点击“导出”，等待渲染结束。如图2-85所示。

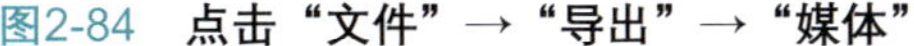

图2-84　点击“文件”→“导出”→“媒体”

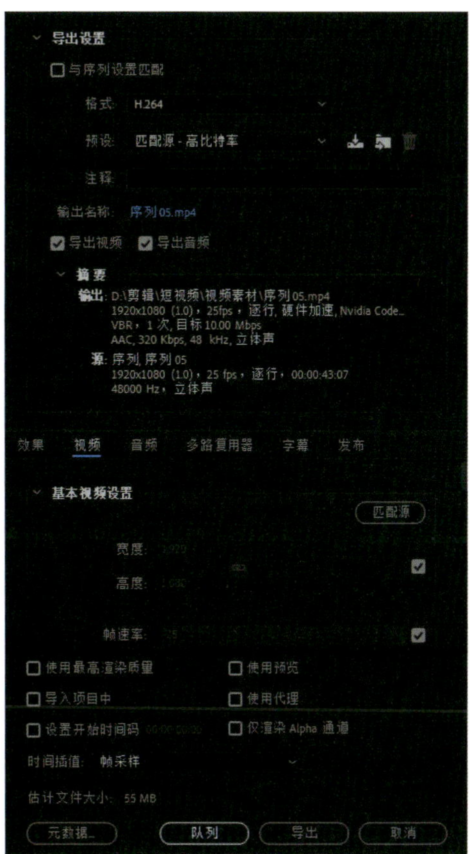

图2-85　导出设置

4. 任务评价标准

短视频剪辑应达到以下效果。

①视觉：字幕的搭配、位置得当。

②叙事：可根据个人的判断增减素材的时长，但不可过长或过短，过长会显得拖沓，让观看者失去耐心，过短会造成视频信息传达不足，影响观看体验。

③技术细节：结尾处，视频和音频的淡出时间要适当延长，不建议突然结束，以免造成突兀感。

5. 拓展性训练

主题确定：围绕“美好的一天”进行短视频创作。

创意策划：指定拍摄的地点，确定拍摄内容，必要时寻找团队成员进行合作。

拍摄与制作：可以个人也可以组成小组进行拍摄，运用本模块中的技能进行素材整理、剪辑、配乐。

成果展示：完成后分享至社交媒体平台。

学习评价

请根据自己的学习情况完成下表，并按掌握程度填涂☆。

学习评价表

知识与技能点	我的理解（填写关键词）	掌握程度
画面的淡入淡出		☆☆☆
声音的淡入淡出		☆☆☆
收获与心得		

模块三

宣传片剪辑

岗位要求

① 成为宣传片制作领域的专业人才，能够胜任宣传片剪辑、后期制作及色彩调整等岗位工作。

② 能够在团队中担任宣传片剪辑师角色，负责完成宣传片从素材整理到成品导出的全流程工作。

③ 能够独立分析宣传片市场需求，根据客户需求提供高质量的宣传片制作方案。

学习目标

1. 知识目标

① 掌握宣传片的基本概念、类型及其在信息传播、品牌形象塑造方面的作用与特点。

② 深入了解宣传片剪辑的基本原则、手法和技巧，以及色彩调整的基本原理和工具。

③ 熟悉宣传片制作行业的最新技术和趋势，包括最新的剪辑软件和色彩调整技术。

2. 能力目标

① 能够熟练运用剪辑软件，完成宣传片的剪辑、转场效果添加及色彩调整等工作，提升宣传片的视觉效果和吸引力。

② 能够根据客户需求和市场需求，独立完成宣传片的策划、制作和评估工作。

③ 能够与团队成员进行有效沟通，协作完成宣传片制作任务，确保项目按时交付。

3. 素质目标

① 培养高度的责任心和敬业精神，确保宣传片制作质量符合专业标准。

② 具备创新思维和审美能力，能够不断推陈出新，提升宣传片的创意性和观赏性。

③ 具备良好的沟通能力和团队合作精神，能够与团队成员和客户建立良好关系，共同推动项目的顺利进行。

学习重点

① 宣传片剪辑的核心技巧：对剪辑节奏、镜头语言、情感传达等关键要素的理解与应用。

② 转场效果的灵活运用：无技巧转场与技巧转场的区分、适用场景及实现方法。

③ 色彩调整的高级技巧：曲线调整、HSL局部调整等高级色彩管理工具的使用，以及如何根据宣传片主题进行色彩搭配。

学习难点

① 剪辑节奏的精准把握：如何根据宣传片的主题和情感需求，合理安排剪辑节奏，使观众产生共鸣。

② 复杂转场效果的实现：一些高级技巧转场效果的制作需要较高的软件操作能力和创意设计能力，如动态遮罩、3D转场等。

知识一 宣传片剪辑概述

1. 宣传片的定义与特点

（1）定义

宣传片，顾名思义，是一种旨在宣传、推广特定产品、服务、品牌、活动或理念的视频短片。它通过精心策划的视觉和听觉元素，结合生动的叙事手法，向目标受众传达信息，激发情感共鸣，并引导观众采取特定的行动（如购买产品、参与活动、关注品牌等）。宣传片广泛应用于商业广告、企业形象展示、文化旅游推广、公益活动宣传等多个领域。

（2）特点

①目标明确：宣传片的首要特点是具有明确的目标受众和传播目的。无论是提升品牌形象、推广新产品，还是吸引游客、募集善款，宣传片都需要围绕这些目标进行策划和制作，确保信息的精准传达。

②视觉吸引：作为视频媒介，宣传片的最大优势在于其强大的视觉表现力。通过高清画质、精美画面、创意构图和动态效果，宣传片能够迅速吸引观众的注意力，使其留下深刻印象。例如，某旅游宣传片通过航拍镜头展现壮丽自然风光，结合慢动作和特写镜头捕捉人文风情，让观众仿佛身临其境，感受到旅游目的地的独特魅力。

③情感共鸣：成功的宣传片往往能够触动观众的情感弦，引发共鸣。这要求宣传片在讲述故事或展示内容时，注重情感表达和人性化呈现。例如，一部关于环保的公益宣传片，通过展现自然环境的恶化、动物生存的困境以及人们为保护环境所作的努力，激发观众的环保意识和责任感，引发其对环保事业的关注和支持。

④信息精练：由于时长限制（通常控制在几分钟到十几分钟不等），宣传片需要在有限的时间内传达尽可能多的有效信息。因此，宣传片的内容需要经过精心筛选和编排，确保信息的精练和准确。同时，通过巧妙的叙事手法和视觉设计，使观众在短时间内能够全面了解和接受宣传内容。

⑤创意独特：在竞争激烈的市场环境中，创意独特的宣传片更容易脱颖而出，吸引观众的关注和喜爱。这要求制作团队具备创新思维和审美能力，能够结合品牌特色、产品特点和目标受众的需求，创造出既符合品牌形象又具有艺术感染力的宣传片。例如，某科技品牌的宣传片采用未来主义风格，通过虚拟现实技术和动感音乐展现产品的科技感和前卫性，给人留下深刻印象。

2. 宣传片剪辑的定义与作用

（1）定义

宣传片剪辑是指在拍摄完成后的素材基础上，通过一系列专业的技术手段和艺术处理，将原始素材进行编辑、加工、调色，为其配音、配乐、添加特效等，最终制作成一部具有完整故事情节、视觉吸引力和情感共鸣的宣传片的过程。

（2）作用

①提升视觉效果：后期剪辑能够优化画面质量，调整色彩平衡，增强视觉冲击力，使宣传片更加生动、吸引人。

②强化信息传递：通过剪辑和编排，将复杂的信息简化、条理化，使观众更容易理解和接受宣传内容。

③塑造品牌形象：通过独特的视觉风格和情感表达，宣传片能够塑造并强化品牌形象，提升品牌知名度和美誉度。

④增强情感共鸣：通过音乐、画面和情感的巧妙结合，宣传片能够触动观众内心，引发共鸣，增强宣传效果。

3. 流程概览

①素材整理与导入：将拍摄好的素材进行整理，导入后期制作软件中。

②初步剪辑：根据剧本或创意构思，对素材进行初步筛选和剪辑，确定宣传片的基本结构和节奏。

③精细剪辑：在初步剪辑的基础上，进行更加精细的剪辑处理，包括镜头衔接、转场效果、节奏调整等，使宣传片更加流畅、自然。

④色彩调整：对画面进行色彩校正和调色处理，包括画面校正、基本调整、曲线调整及HSL局部调整等，以优化色彩效果，增强视觉冲击力。

⑤音频处理：包括配音录制、配乐选择、音效添加等，确保音频与画面同步，增强宣传片的感染力和表现力。

⑥特效添加：根据需要添加文字、动画、特效等元素，提升宣传片的视觉效果和创意性。

⑦合成与输出：将剪辑好的视频、音频和特效合成在一起，进行最终的检查和调整，然后导出不同格式的文件，以适应不同的播放平台和需求。

⑧反馈与修改：根据客户的反馈意见或内部评审结果，对宣传片进行必要的修改和完善，确保最终成品符合要求。

4. 宣传片的剪辑技巧

宣传片的剪辑技巧涵盖了叙事结构与节奏控制、镜头选择与衔接、情感表达与共鸣、信息传达与重点突出以及创意与个性化等多个方面。这些技巧相互关联、相互作用，共同构成了宣传片剪辑的核心要素。

（1）叙事结构与节奏控制

①明确叙事线：首先，剪辑师需要清晰地理解宣传片的主题和叙事线，确保每个镜头都服务于整体故事的发展。

②节奏掌控：通过剪辑的速度和节奏来引导观众的情绪。快速剪辑可以营造紧张或充满活力的氛围，而慢节奏则适合表达细腻的情感或强调细节。

③高潮与低谷：合理安排宣传片中的高潮和低谷，保持观众的兴趣和注意力，同时确保信息的有效传达。

（2）镜头选择与衔接

①精选镜头：从大量的拍摄素材中挑选出最能表达主题和情感的镜头，确保每个镜头都有其存在的意义。

②流畅衔接：利用转场效果或自然过渡，使镜头之间衔接流畅，避免突兀感。同时，注意保持画面信息的连贯性和逻辑性。

③多样性：通过将不同角度、景别和拍摄手法的镜头相组合，丰富宣传片的视觉效果，提升观众的观看体验。

（3）情感表达与共鸣

①情感引导：剪辑时要注重情感的引导，通过画面、音乐、旁白等元素共同营造特定的情感氛围，使观众产生共鸣。

②细节强化：通过特写镜头、慢动作等手法强化细节，让观众更加深入地理解和感受宣传内容。

③故事化呈现：将宣传信息融入故事中，使观众在欣赏故事的同时接受宣传信息，提高其对信息的接受度和记忆度。

（4）信息传达与重点突出

①信息精练：在有限的时间内传达尽可能多的有效信息，要求剪辑师对素材进行精心筛选和编排。

②重点突出：通过画面构图、色彩对比、字幕提示等手法突出宣传重点，确保观众能够迅速抓住核心信息。

③层次分明：合理安排信息的层次和顺序，避免信息过于密集或杂乱无章，影响观众的理解和记忆。

（5）创意与个性化

①创新思维：鼓励剪辑师在遵循基本剪辑原则的基础上发挥创新思维，创造出独特而富有吸引力的宣传片作品。

②品牌特色：结合品牌或产品的特色进行剪辑创作，使宣传片具有鲜明的个性化特征和辨识度。

③艺术表达：将剪辑视为一种艺术表达方式，通过画面、音乐、色彩等元素的综合运用展现剪辑师的艺术修养和审美追求。

知识二 功能讲解与应用

1. 转场效果

转场，作为宣传片乃至所有影视作品中不可或缺的元素，其本质是时间与空间的桥梁。它不仅简单地连接了不同的镜头或场景，更在视觉与心理上为观众构建了连贯的叙事体验。在深入解析转场时，我们需要关注其如何在保持视觉连续性的同时引导观众的情绪、理解和期待。

（1）转场的必要性

①叙事逻辑：转场能帮助观众理解和跟随宣传片的叙事逻辑，明确各个场景、段落之间的关系和顺序。

②情感引导：通过转场的节奏、风格变化，可以引导观众的情感起伏，增强宣传片的感染力。

③视觉冲击：精妙的转场设计能够带来视觉上的冲击和惊喜，提升观众的观看兴趣。

④艺术表达：转场是导演和剪辑师艺术表达的一部分，通过不同的转场方式能展现作品的独特风格和主题。

（2）转场的分类

转场是视频后期制作中的一个重要环节，它指的是场景与场景之间的过渡或转换。根据不同的划分标准，转场可以分为多种类型，主要包括技巧转场和无技巧转场两大类。

①技巧转场。技巧转场是通过视频编辑软件附带的技术技巧命令，对两个画面的剪辑进行特技处理，完成场景转换的方法。它主要包括以下几种形式。

淡入淡出：淡入是指从黑场逐渐显露出画面，淡出则是指画面逐渐隐至黑场。这种方法常用于影片的开头和结尾处，也可以用于不同场景之间的过渡，以营造一种柔和、自然的转换效果。除了基本的淡入淡出效果外，还可以结合色彩、滤镜等元素进行变化，如渐变色彩淡入淡出，营造宣传片中特定的氛围或情感。

叠化：叠化是指前一个镜头的画面与后一个镜头的画面相叠加，前一个镜头的画面逐渐隐去，后一个镜头的画面逐渐显现的过程。它常用于表现时间的流逝、空间的转换，以及梦境、回忆等场景。

划像：划像是一种较为常见的技巧转场方式，可分为划出与划入。前一个画面从某一方向退出荧屏称为划出，下一个画面从某一方向进入荧屏称为划入。根据画面进、出荧屏的方向不同，可分为横划、竖划、对角线划等。划像一般用于两个内容意义差别较大的段落转换。

定格：定格是指将运动主体突然变为静止状态，可以用来强调某一主体的形象、细节，或者制造悬念、表达主观感受。它常用于片尾或者大段落结尾。

多画屏分割：通过将画面分割成多个部分，同时展示不同的场景或内容，再逐步过渡到下一个场景。这种转场方式能够产生空间并列对比的艺术效果，深化内涵。

其他技巧：如闪白、翻转、缓淡等，也是常见的技巧转场方式。它们通过不同的视觉效果和节奏变化，实现场景之间的过渡和转换。

②无技巧转场。无技巧转场是用镜头自然过渡来连接上下两段内容，主要适用于蒙太奇镜头段落之间的转换和镜头之间的切换。它强调的是视觉的连续性，而不是通过明显的技巧手段来实现转场，它更加依赖于镜头内部元素的关联和呼应。无技巧转场的方法多种多样，包括以下几种。

两极镜头：前一个镜头的景别与后一个镜头的景别是两个极端，如远景与特写之间的切换，以形成强烈的对比效果。

同景别转场：前后两个镜头的景别相同，以保持观众注意力的集中和场面的紧凑衔接。

特写转场：无论前一组镜头的最后一个镜头是什么，后一组镜头都从特写开始，以突出局部和强调细节。特写转场不仅限于对细节的展示，还可以结合其他元素进行创意设计。例如，通过特写镜头中的某个元素（如水滴、烟雾等）的流动或变化，引出下一个场景。

声音转场：利用音乐、音响、解说词等声音元素与画面的配合实现转场，使过渡更加自然流畅。

空镜头转场：将新场景的空镜作为新场景的第一个镜头，先把人带入环境中，再去介绍在环境中发生的事情。空镜头转场具有渲染气氛、刻画心理的作用。

封挡镜头：指画面上的运动主体在运动过程中挡住了镜头，使得观众无法从镜头中辨别出被摄物体对象的性质、形状和质地等物理性能。这种转场方式常用于表现时间、地点的变化或强调某种视觉效果。

相似体转场：利用造型相似的主体进行场景的转换，如飞机和海豚、汽车和甲壳虫等。这种转场方式能够增强视觉的连续性和连贯性。除了主体形象、物体形状等显而易见的相似性外，还可以从色彩、光影、构图等角度寻找相似性，进行巧妙的转场设计。

运动镜头转场：通过摄影机的运动或拍摄主体的运动来实现场景之间的转换。这种转场方式真实、流畅，能够连续展示不同空间的场景。

逻辑因素转场：前后镜头具有因果、呼应、并列、递进、转折等逻辑关系，使得段落过渡更加合理自然。这种转场方式注重内在的逻辑性和连贯性。

综上所述，转场的分类涵盖了技巧转场和无技巧转场两大类，每种转场方式都有其独特的表现效果和适用场景。在宣传片的制作中，转场的作用不可小觑，它不仅是连接镜头和场景的桥梁，更是引导观众情绪，使其理解叙事、享受艺术的重要手段。无论是技巧转场还是无技巧转场，都需要根据宣传片的整体风格和主题进行精心设计和运用。通过深入解析和应用转场技巧，我们可以创作出更加流畅自然、引人入胜的宣传片作品。

实践案例1：技巧转场

技巧转场是指通过特定的视觉效果来实现场景之间的过渡，它能够为宣传片增添创意和艺术效果。常见的技巧转场包括淡入淡出、叠化、划像、定格等多种形式。这些转场效果不仅能够增强宣传片的视觉连贯性，还能够提升宣传片的整体艺术感。

▶ 微课 ◀
技巧转场效果

本案例将介绍如何使用Premiere软件制作一个简单的“叠加效果”转场，即通过Premiere中的效果预设来实现素材之间的自然过渡效果。

步骤1：首先，将需要拼接的两段视频素材导入Premiere软件中，并将它们拖入时间轴面板上的同一轨道上，确保一段视频的尾部和另一段视频的头部相接，如图3-1所示。

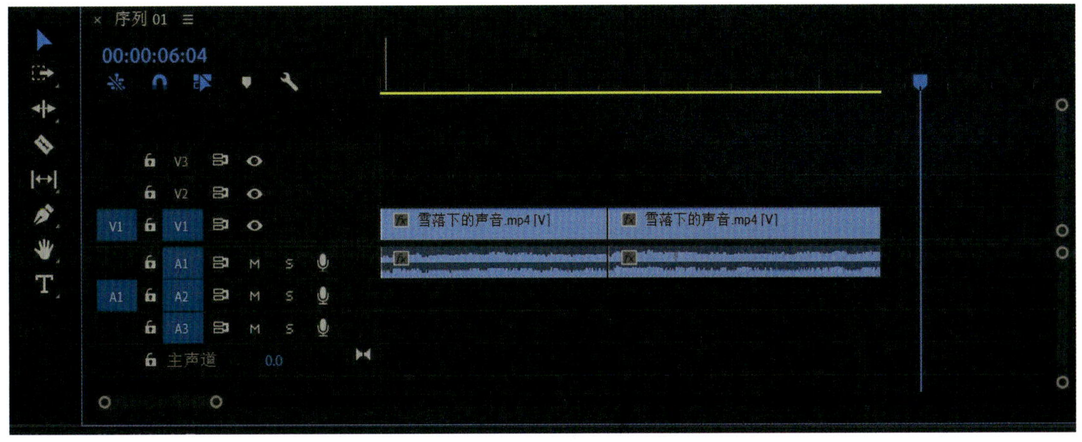

图3-1 将素材添加至时间轴面板

步骤2：选择第一段视频的最后一帧（即转场开始处），将时间指示器移动到该位置，如图3-2所示。

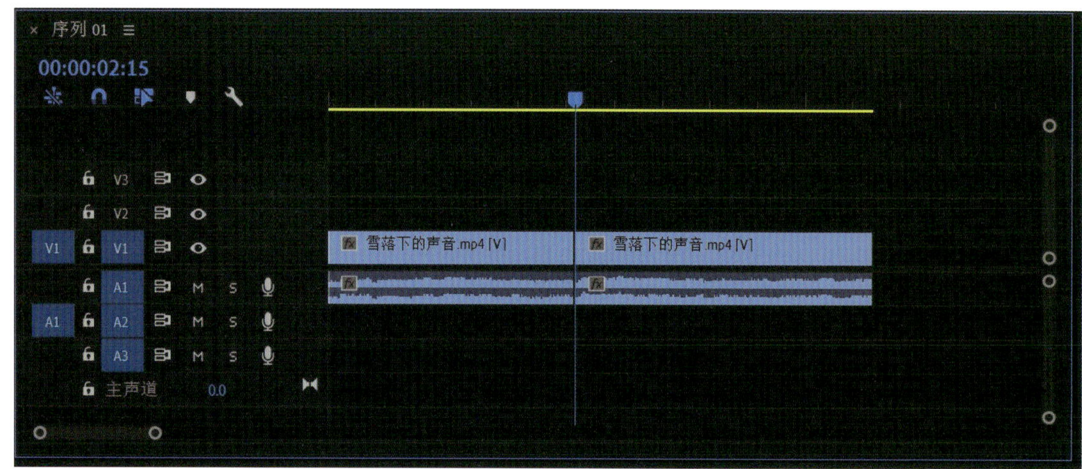

图3-2　将时间指示器移动至两个素材衔接处

图3-3　“视频过渡”选项

步骤3：在效果控制面板中找到“视频过渡”选项，如图3-3所示。

步骤4：选择一个适合该素材的转场效果，例如“溶解”效果中的“叠加溶解”，如图3-4所示。用鼠标左键单击“叠加溶解”，将其拖动至时间轴面板，如图3-5所示。

步骤5：单击节目面板中的“播放-停止切换”键（快捷键为空格键），预览整个视频效果，如图3-6所示。根据需要调整转场的效果，以达到最佳的过渡效果。同时，注意调整转场的时长，使其与视频的整体节奏相匹配。

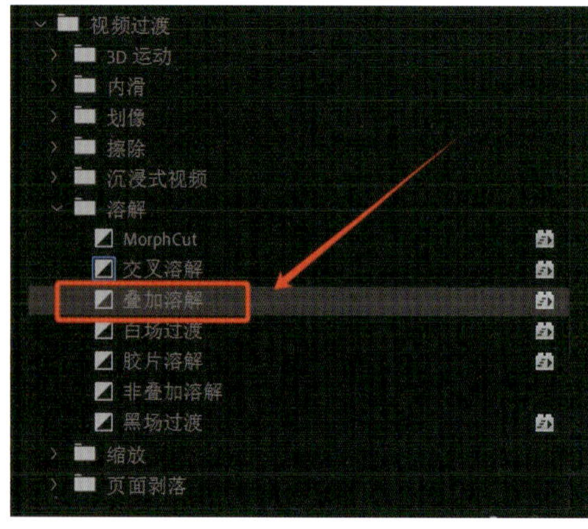

图3-4　“叠加溶解”效果

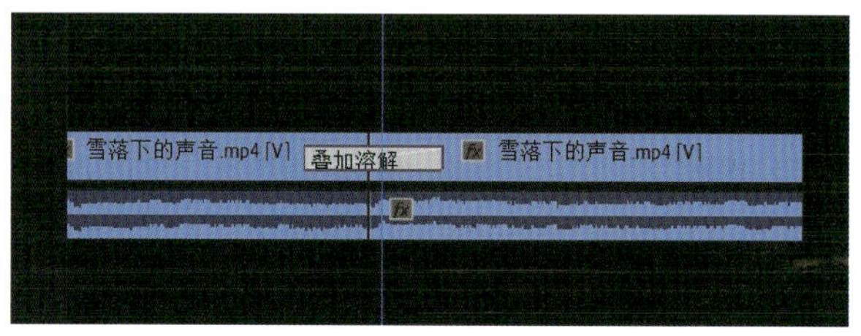

图3-5　将“叠加溶解”拖动至时间轴面板

图3-6　“播放-停止切换”键

注意事项

①在创建转场效果时，要考虑到视频的整体风格和情感表达，确保转场效果与视频内容相协调。

②避免过度使用复杂的转场效果，以免分散观众的注意力或造成视觉疲劳。

③在调整关键帧时，可以利用Premiere的预览窗口实时查看效果，以便及时调整和优化。

④考虑到不同平台的播放效果，建议导出视频时选择兼容性好的编码格式和分辨率。

实践案例2：无技巧转场

无技巧转场通过镜头内容的自然衔接和观众的心理预期来实现场景之间的流畅过渡。本案例将介绍如何使用Premiere软件制作一个简单的“动作连续性”无技巧转场，即通过几个镜头中相似或连续的动作来实现无缝连接。

步骤1：首先，准备几段视频素材，确保它们在内容或动作上存在某种连续性或相似性，如图3-7所示。

步骤2：将这几段视频素材导入Premiere软件中，并将其分别拖入时间轴面板的相同轨道上，确保它们的尾部和头部相接，但无需重叠，如图3-8所示。

步骤3：预览几段素材，找到可以作为转场连接点的动作或画面。在第一段视频中，选择角色转身动作即将完成的那一帧；在第二段视频中，则选择角色刚刚进入新场景的那一帧。

图3-7　素材准备

步骤4：由于是无技巧转场，所以不需要添加任何特效或命令。但为了确保转场更加自然，可以微调两段视频在时间轴上的位置，使它们之间的连接点更加精准。这通常涉及对视频片段的轻微裁剪或移动。

步骤5：单击节目面板中的“播放-停止切换”键，预览整个视频效果，特别注意转场部分，如图3-9所示。观察动作是否流畅、自然，没有突兀的跳跃感。如果需要，可以回到步骤4进行进一步的调整。

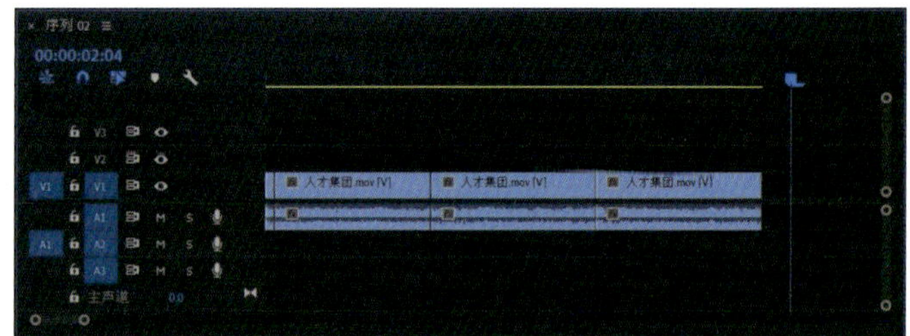

图3-8　将素材拖入时间轴上

图3-9　预览视频效果

注意事项

①在选择用于无技巧转场的视频素材时，务必确保它们之间存在足够的连续性或相似性，以便观众能够自然而然地接受场景的转换。

②在调整视频片段位置时，要保持耐心和细心，确保每个细节都符合整体叙事的需要。

③虽然无技巧转场看似简单，但要想做出好的效果，仍然需要花费一定的时间和精力去实践和探索。

④最后，记得在导出视频前再次预览整个作品，确保所有转场和剪辑都达到了预期的效果。

2. 色彩调整

色彩调整，在宣传片剪辑的语境中，是指对视频素材进行色彩处理的一系列技术操作，旨在通过调整色彩属性来优化视觉效果，强化情感表达及主题呈现。这一过程不仅关乎画面色彩的简单修饰，更是艺术创作中不可或缺的一环，能够深刻影响观众的感知与情绪。

（1）色彩调整的作用

①增强视觉吸引力：通过精细的色彩调整，提升画面的鲜明度与生动性，增强视觉冲击力，从而吸引观众的注意力。

②营造特定氛围：色彩是情感与氛围的载体，恰当的色彩调整能够营造出符合宣传片主题的氛围，加深观众的情感共鸣。

③强化信息传递：色彩调整有助于突出关键元素，引导观众视线，将宣传信息更加清晰、有效地传达。

④提升专业品质：专业的色彩调整能够赋予宣传片更高的视觉品质，增强观众对内容的信任感与认同感。

（2）常见的色彩调整方式

①基础校正：涉及亮度、对比度、饱和度的调整，旨在确保画面色彩的基本平衡与和谐。通过调整这些参数，可以校正因拍摄环境或设备差异而导致的色彩偏差，使画面更加自然、真实。

②色温与色调调整：色温用于调节画面的冷暖倾向，而色调则影响整体色彩的偏向。通过精细调整这两个参数，可以营造出符合宣传片情感基调的色彩氛围，增强画面的感染力。

③曲线调整：作为一种高级的色彩与亮度调整工具，曲线允许用户针对RGB通道或亮度通道进行精细的曲线编辑。通过调整曲线形状，可以实现对画面高光、阴影、中间调等

区域的精确控制，从而创造出丰富的色彩层次与细节。

④HSL（色相、饱和度、亮度）局部调整：此方式允许用户针对画面中的特定颜色进行独立调整。通过选择颜色范围并调整其色相、饱和度和亮度，可以实现对画面中特定元素的精细色彩控制，增强画面的表现力与个性。

⑤预设与LUTs应用：预设和LUTs是预先设置好的色彩调整方案，可以快速应用于宣传片中以实现特定的色彩风格。用户可以根据需要选择合适的预设或LUTs，并在此基础上进行微调，以达到理想的色彩效果。

⑥局部色彩调整：利用遮罩、选区等工具对画面中的特定区域进行色彩调整。这种方式允许用户更加精确地控制画面中的色彩分布与变化，实现更加个性化的色彩处理效果。

（3）色彩调整原则

①保持整体协调：确保调整后的色彩与宣传片整体风格相协调，避免色彩突兀或冲突。

②注重细节处理：关注画面中的色彩细节，通过精细调整提升画面的质感与层次感。

③预览与调整并重：在调整过程中不断预览效果，并根据预览结果进行调整优化，确保最终色彩效果符合预期。

④导出时保留色彩设置：在导出宣传片时，确保选择正确的色彩空间与压缩设置，以保留调整后的色彩效果并确保视频质量。

实践案例1：基本调整

在宣传片制作中，调整基本色彩与亮度是提升画面视觉效果的重要步骤。通过调整画面的亮度、对比度、色彩饱和度等参数，可以使画面更加明亮、清晰，色彩丰富，从而增强观众的视觉体验。

步骤1：导入素材。打开Premiere软件，将需要进行基本色彩与亮度调整的视频素材导入项目中。将素材拖入时间轴面板的相应视频轨道上，如图3-10所示。

步骤2：观察与分析。预览视频素材，观察画面在亮度、对比度、色彩饱和度等方面的表现情况，确定需要调整的具体参数和范围。

步骤3：调整亮度。打开Premiere中的Lumetri颜色面板，选择“基本矫正”模块，如图3-11所示。根据画面实际情况，逐渐增加或减少曝光度的数值，使画面亮度适中，既不过亮也不过暗。

步骤4：调整对比度。接着调整对比度参数，通过增加对比度，可以增强画面明暗对比，使画面更加清晰、更有层次感。但要注意避免过度调整导致画面细节丢失。

步骤5：调整色彩饱和度。使用色彩饱和度调整工具（或在色彩校正效果中调整饱和度参数），根据视频风格和主题需求，适当增加或减少色彩饱和度。应注意，过高的饱和度可能导致画面色彩过于鲜艳而失真，过低的饱和度则可能使画面显得灰暗、无生气。

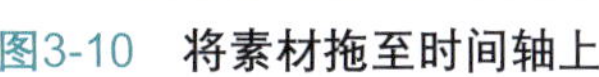

图3-10 将素材拖至时间轴上

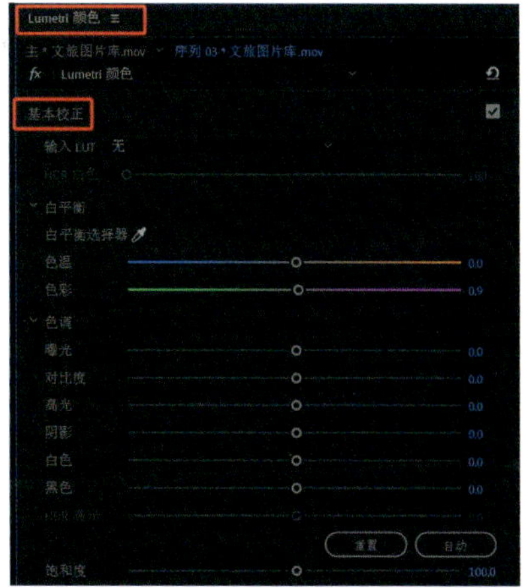

图3-11 Lumetri颜色面板“基本矫正”模块

步骤6：预览与微调。不断预览调整后的画面效果，检查亮度、对比度、色彩饱和度等参数是否达到理想状态。根据需要进行微调，确保画面整体效果和谐统一，如图3-12、图3-13所示。

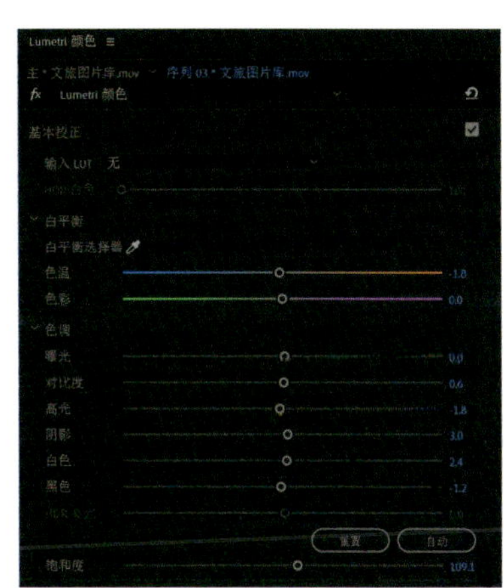

图3-12 调整色彩参数

图3-13 预览色彩效果

步骤7：应用效果并导出。应用满意的调整结果，将调整后的视频素材导出为新的文件保存备用。

注意事项

①适度调整：在进行基本色彩与亮度调整时，要注意适度原则，避免因过度调整而导致画面失真或影响观众观看体验。

②保持一致性：对于同一部宣传片中的不同视频片段，应尽量保持色彩与亮度的一致性，以确保整体风格的统一和协调。

③考虑观看环境：在调整色彩与亮度时，还应考虑观众的观看环境（如屏幕亮度、色彩表现能力等），以确保在不同环境下都能呈现出良好的视觉效果。

实践案例2：曲线调整

曲线调整是视频后期处理中一种强大且灵活的色彩校正工具，它允许用户通过调整亮度（亮度曲线）和颜色通道（红、绿、蓝曲线）的输入与输出关系，来精确控制画面的色彩和亮度分布。这种调整方式可以实现对画面细节的精雕细琢，使画面更加富有层次感和艺术感。

步骤1：导入素材。打开Premiere软件，将需要进行曲线调整的视频素材导入项目中。将素材拖入时间轴面板的相应视频轨道上，如图3-14所示。

步骤2：打开曲线调整面板。在Premiere中，可能需要通过效果控制面板中的“Lumetri颜色”选项找到“曲线”调整工具，如图3-15所示。

图3-14　将素材拖至时间轴中

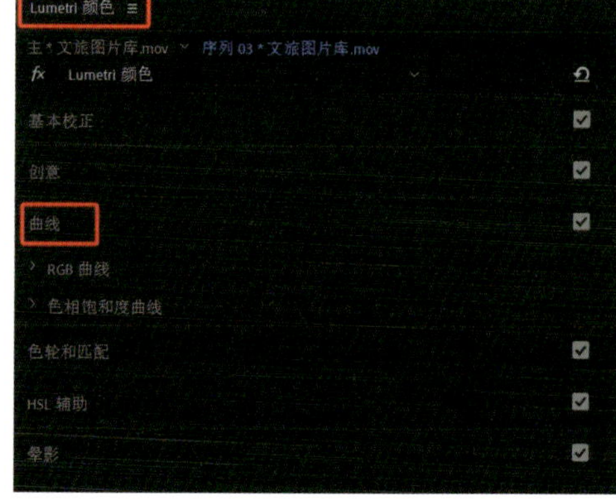

图3-15　“Lumetri颜色”中的“曲线”

步骤3：调整亮度曲线。亮度曲线用于控制画面的整体亮度分布。利用鼠标左键拖动曲线上的点，可以调整不同亮度级别的输出值。例如，将曲线中间部分向上拉可以提高中间亮度的对比度，使画面更加明亮，向下拉则相反。注意保持曲线的平滑过渡，避免产生不自然的亮度跳变。如图3-16所示。

图3-16 **亮度曲线**

步骤4：调整颜色通道曲线。红、绿、蓝曲线分别控制对应颜色通道的亮度分布。通过调整这些曲线，可以精细控制画面中不同颜色的亮度和对比度。例如，如果画面偏红，可以尝试降低红色曲线的输出值；如果希望加强绿色植被的饱和度，可以向上拉绿色曲线的特定部分，如图3-17所示。

图3-17 **颜色通道曲线**

步骤5：预览与微调。不断预览调整后的画面效果，观察亮度、色彩分布的变化是否符合预期。根据需要进行微调，直到达到满意的视觉效果。

步骤6：应用效果并导出。应用满意的曲线调整结果，确保整个视频片段都进行了相应的调整。将调整后的视频素材导出为新的文件保存备用。

注意事项

①精细控制：进行曲线调整需要具有一定的色彩和亮度感知能力，以及熟练掌握曲线工具。建议进行小范围调整并频繁预览效果。

②避免极端调整：过度调整曲线可能导致画面出现不自然的色彩和亮度变化，甚至产生色带或亮度溢出等问题。

③保持平衡：在调整曲线时，要注意保持画面整体色彩和亮度的平衡性，避免某个部分过于突出或暗淡。

④参考标准：可以使用专业的色彩监视器或校色工具来辅助调整，确保调整结果符合行业标准或客户要求。

任务 河洛非遗传承宣传片制作

1. 任务描述

在探索与传承河洛地区丰富的非物质文化遗产中，本任务聚焦于“河洛非遗新青年”这一主题，旨在通过创意性的宣传片，展现当代青年如何以新颖的视角和技艺，赋予古老青铜器制作技艺新的生命与活力。本任务将重点运用转场技巧与调色工具，讲述新青年在青铜器制作领域的创新故事，展现传统与现代的完美融合。

2. 任务实施

步骤1：将收集到的青年一代关于河洛非遗青铜器制作的视频、图片素材导入视频编辑软件中。

步骤2：根据策划方案，将素材按照时间顺序或故事线索进行初步排列，形成宣传片的基本框架，如图3-18所示。

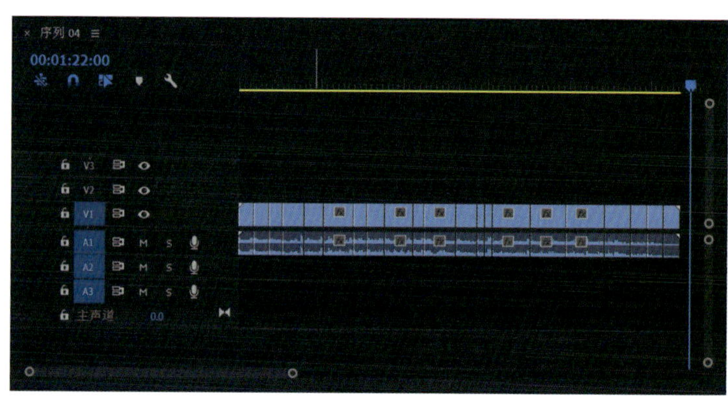

图3-18 将素材进行初步排列

步骤3：进行转场效果的具体应用。

确定转场点：在剪辑过程中，确定需要添加转场效果的节点。

选择转场类型：

①技巧转场：在编辑软件中，将选定的转场效果拖拽到时间轴上的两个素材之间，调整转场时长，确保过渡自然且符合宣传片节奏，如图3-19、图3-20所示。

②无技巧转场：对于连续的动作或场景，可采用无技巧转场，保持视觉的连贯性，如图3-21所示。

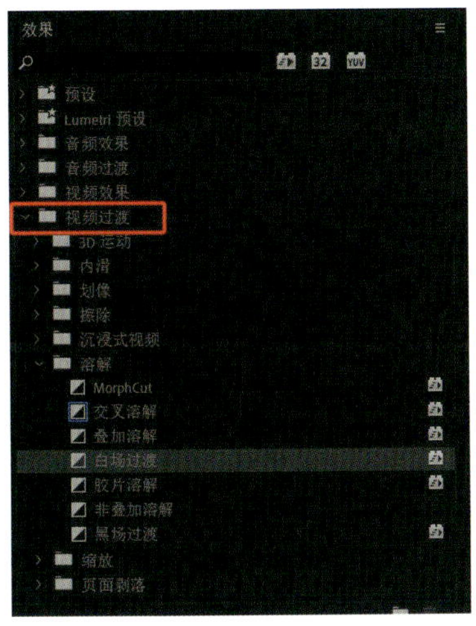

图3-19 **视频过渡效果**

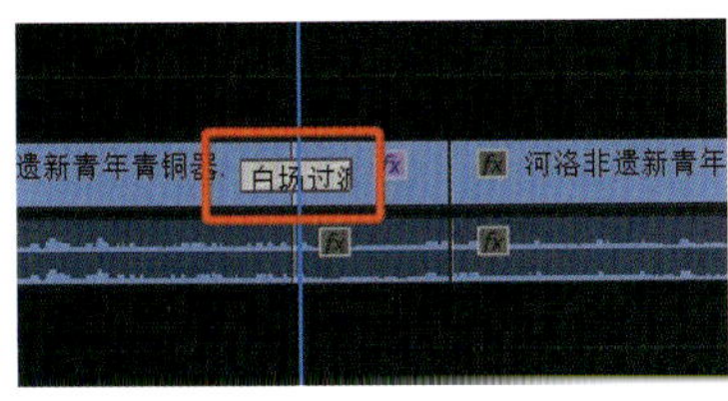

图3-20 **添加“白场过渡”**

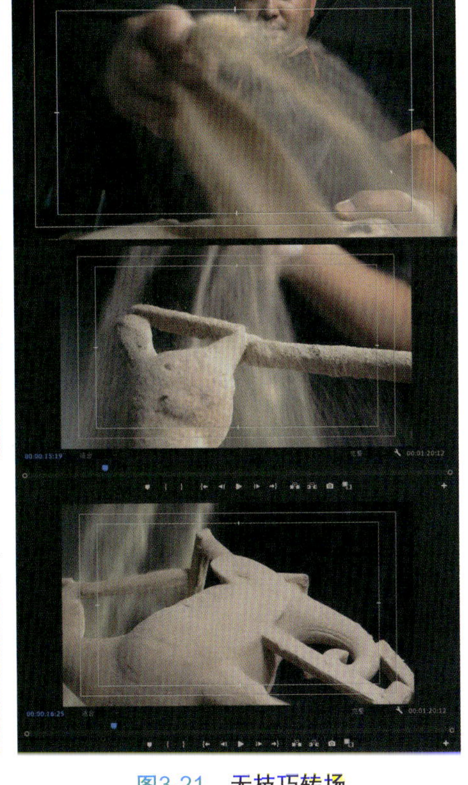

图3-21 **无技巧转场**

步骤4：调色的具体操作。

色彩分析：

首先，分析青铜器及其制作环境的色彩特点，确定调色方向。青铜器通常呈现古铜色或青绿色调，而制作环境则可能包含自然光、工作灯光等多种光源。

基础调色：

使用“色彩校正”工具调整整体画面的色温、色调和对比度，使画面更加和谐统一。

通过“色彩平衡”调整不同颜色通道的亮度和对比度，突出青铜器的金属质感，如图3-22、图3-23所示。

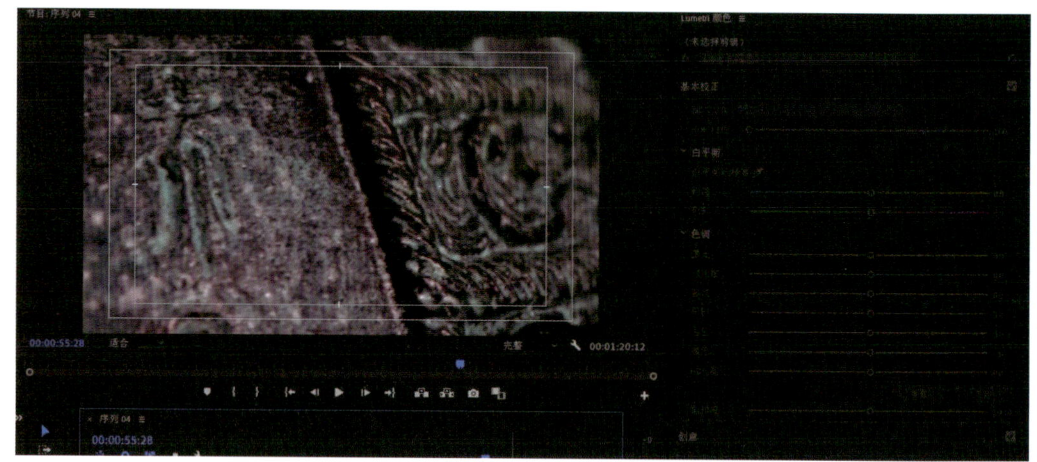

图3-22　原始素材

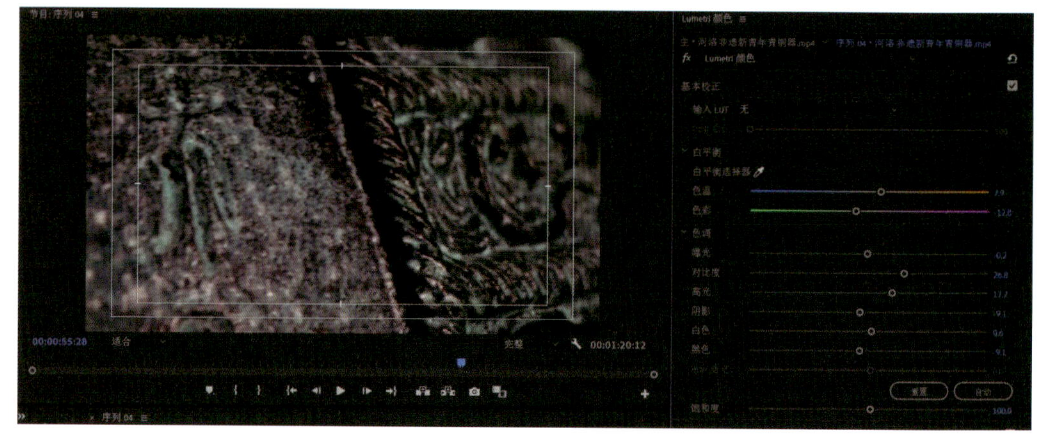

图3-23　调色参数

局部调色：

使用“遮罩”或“蒙版”工具选中画面中的特定区域（如青铜器表面），进行更精细的调色处理。

调整这些区域的饱和度、亮度或色彩倾向，使青铜器在画面中更加突出。

特效调色：

根据需要，为特定镜头添加光晕、渐变等特效，增强画面的艺术感和氛围。

调整特效参数，使其与整体调色方案相协调。

步骤5：细节调整、音频处理与最终输出。

细节调整：对整个宣传片进行细致的检查和调整，确保每个镜头的色彩、亮度、对比度等参数都符合预期效果。

音频处理：确保背景音乐、音效和解说词与画面同步，音量适中，不干扰观众的观看体验。

最终输出：导出高清视频文件，检查文件质量无误后，提交成品宣传片及制作报告。

3. 任务评价标准

“河洛非遗新青年”青铜器制作技艺传承宣传片应达到以下效果。

①文化传承：准确展现河洛地区青铜器制作技艺的历史渊源与现代传承，突出青年传承人的创新精神。

②视觉创意：通过巧妙的转场技巧和精致的调色处理，打造具有视觉冲击力和艺术感染力的画面。

③叙事流畅：宣传片应结构紧凑、节奏明快，能够引导观众顺畅地了解青年传承人的故事和青铜器制作技艺的魅力。

④情感共鸣：通过真实的情感表达和深刻的主题挖掘，激发观众对非遗文化的兴趣和认同感，以及对青年传承人的敬佩之情。

⑤技术精湛：在技术层面展现出高超的视频制作水平，包括精准的剪辑节奏、巧妙的转场设计、精致的调色处理等。

4. 知识点总结

（1）转场效果知识点

1）转场类型

①技巧转场：技巧转场是通过视频编辑软件附带的技术技巧命令对两个画面的剪辑进行特技处理，完成场景转换的方法。

②无技巧转场：无技巧转场则是用镜头自然过渡来连接上下两段内容，主要适用于蒙太奇镜头段落之间的转换和镜头之间的切换。它强调的是视觉的连续性，而不是通过明显的技巧手段来实现转场。它更加依赖于镜头内部元素的关联和呼应。

2）转场应用

①确定转场点：在剪辑过程中识别需要转场的节点，如场景转换、时间跳跃等。

②匹配节奏：转场效果应与宣传片的整体节奏相匹配，避免突兀感。

③调整时长：根据情节需要调整转场时长，确保过渡自然且不影响叙事流畅性。

3）效果选择

考虑宣传片风格与主题，选择适合的转场效果，增强视觉效果和艺术感。

（2）色彩调整知识点

1）色彩分析

分析素材的色彩特点，确定调色方向，如增强色彩饱和度、调整色温等。

2）基础调色工具

①色彩校正：调整色温、色调和对比度，使画面整体和谐统一。

②色彩平衡：针对不同颜色通道进行亮度和对比度调整，突出画面重点。

3）局部调色技巧

①使用遮罩或蒙版工具，选中特定区域进行精细调色，如增强青铜器表面的金属质感。

②调整局部区域的饱和度、亮度或色彩倾向，实现更丰富的视觉效果。

4）特效调色

①为画面添加光晕、渐变等特效，提升其艺术感和氛围。

②调整特效参数，确保与整体调色方案相协调，避免过度处理。

5）细节调整

①检查并调整每个镜头的色彩参数，确保整个宣传片在色彩上保持一致性。

②注意色彩与情感的结合，通过色彩传递宣传片的主题和情感。

5. 拓展性训练

（1）案例分析报告（知识拓展）

1）训练目标

①拓宽视野，通过深入分析成功宣传片的案例，理解其背后的剪辑逻辑、艺术表达与情感传递。

②提升鉴赏能力，学会识别并评价宣传片中的高级剪辑手法、转场效果及色彩运用技巧。

③培养批判性思维，通过对比不同案例，形成自己对宣传片创作的独特见解。

2）作业要求

①学生需要自主选择一个具有代表性和成功要素的宣传片案例，进行深入剖析。

②分析内容应涵盖剪辑手法的运用（如节奏控制、镜头切换）、转场效果的创意实现（如淡入淡出、叠化、跳跃等），以及色彩运用对情感氛围的营造作用。

③撰写详细的案例分析报告，报告应包括宣传片背景介绍、技术解析（剪辑、转场、色彩等）、创意构思分析、观众心理影响评估及个人学习启示等部分。

3）评价标准

①分析深度：对宣传片案例的解析是否全面、深入，能否准确捕捉关键技术和创意点。

②创意评价：对宣传片创意构思的独到见解和批判性评价。

③色彩与情感：对色彩运用如何影响情感表达的分析是否到位。

④个人启示：学生从案例中获得的启示、反思及对个人学习路径的积极影响。

（2）创意宣传片短片制作（技能提升）

1）学习目标

①巩固并深化对剪辑手法、转场效果及色彩运用等后期制作技术的理解和应用能力。

②培养创意构思能力，加强创新思维在宣传片制作中的实践应用。

③强化团队协作与项目管理能力，通过团队合作完成从策划到成片的全过程。

2）作业要求

①学生须以小组为单位，自选主题或响应特定社会热点，策划并制作一部时长不超过2分钟的创意宣传片。

②制作宣传片时须综合运用所学的剪辑、转场、色彩等后期制作技术，并至少包含2种创新性的技术或创意应用。

③鼓励团队探索新技术、新工具，提升宣传片的视觉冲击力和艺术感染力。

④完成作品后，小组须提交最终视频文件及详尽的创作报告。报告应涵盖创意构思过程、技术实现细节、团队协作经验、遇到的挑战及解决方案等内容。

3）评价标准

①创意性：宣传片的主题选择、内容构思及表现形式是否具有创新性、独特性和吸引力。

②技术实现：剪辑手法、转场效果、色彩运用等技术的运用是否熟练、精准，整体视觉效果是否出色。

③团队协作：小组成员间的分工合作是否明确、有效，沟通协调能力是否强。

④报告质量：创作报告的完整性、条理性、深度及反思性，能否全面反映创作过程与成果。

⑤展示效果：最终作品的展示效果，包括观众反馈、影响力评估等。

学习评价

请根据自己的学习情况完成下表，并按掌握程度填涂☆。

学习评价表

知识与技能点	我的理解（填写关键词）	掌握程度
转场效果		☆☆☆
色彩调整		☆☆☆
收获与心得		

模块四

广告片剪辑

岗位要求

① 熟悉广告片剪辑流程，包括素材整理、初剪、粗剪、精剪、配音、音效处理等。

② 具备良好的审美能力，对镜头语言有一定了解，能够通过剪辑提升广告片的艺术表现力和感染力。

③ 能够独立完成广告片剪辑项目，从素材整理到成片输出全程把控。

学习目标

1. 知识目标

① 了解广告片剪辑的基本原理。

② 掌握广告片剪辑的核心技能。

③ 具备广告片剪辑的创新思维。

2. 能力目标

① 通过实践操作，能够熟练运用影视剪辑软件完成广告片剪辑项目。

② 当在剪辑过程中遇到问题时，能够迅速找到解决方案，保证剪辑质量和速度。

③ 能够与其他剪辑师和影视从业人员有效配合，共同完成广告片剪辑项目。

3. 素质目标

① 具备良好的审美能力，对镜头语言有一定了解，能够通过剪辑提升影片的艺术表现力和感染力。

② 具备创新意识和创新能力，能够根据广告主需求提供个性化的剪辑方案。

③ 具备良好的职业道德和职业操守，对工作认真负责，能够按时按质完成剪辑任务。

学习重点

掌握蒙版与遮罩的功能与应用方法。

学习难点

通过理解并运用蒙版与遮罩，创造出更多的视频效果；利用音效与画面的融合创意，塑造视频效果的节奏感。

知识一 广告片剪辑概述

（1）定义与重要性

广告片剪辑是广告制作流程中的关键环节，涉及剪切、调色、特效及音效处理，通过它可将原始素材转化为完整且具有吸引力的广告影片。它不仅是创意实现的重要手段，还关乎情感传达、品质提升及观众体验，是广告成功的重要因素。

（2）流程概览

广告片剪辑的基本流程包括素材导入、剪切、调色、特效、音频处理、字幕与包装、输出等环节。

知识二 商业广告片剪辑简介

1. 商业广告的定义与特点

（1）定义

商业广告是以营利为目的，通过媒介向目标受众传达商品或服务的信息，以促进销售或提升品牌知名度的广告形式。

（2）特点

①营利性：商业广告的直接目的是促进销售，增加企业利润。

②目标受众明确：商业广告通常会针对特定的目标市场或消费群体进行定位和宣传。

③信息传达直接：商业广告通常直接介绍产品或服务的特点、优势、价格等信息，以吸引消费者购买。

④形式多样：商业广告可以通过电视、广播、互联网、户外媒体等多种渠道进行传播，形式包括视频广告、平面广告、音频广告等。

⑤创意与艺术性：为了吸引消费者的注意力和兴趣，商业广告往往注重创意和艺术性的表现，采用各种视觉和听觉效果来增强广告的吸引力和感染力。

2. 商业广告片的剪辑技巧

（1）产品特点与优势展示

①特写镜头：商业广告片中经常使用特写镜头来展示产品的细节或功能特点。剪辑师需要学会如何运用特写镜头来突出产品的优势，并吸引观众的注意力。

②动态演示：通过动态演示产品的使用过程或效果，可以让观众更直观地了解产品的

特点和优势。剪辑师需要掌握动态演示的剪辑技巧，以确保演示过程流畅且吸引人。

（2）节奏感与视觉冲击力

①节奏感：商业广告片的节奏往往比较快，以吸引观众的注意力并保持其兴趣。剪辑师需要学会如何控制剪辑节奏，使广告内容紧凑而不失重点。

②视觉冲击力：通过运用强烈的色彩、对比、光影等视觉效果，可以增强商业广告片的视觉冲击力，给观众留下深刻印象。剪辑师需要掌握这些视觉效果的运用技巧，并将其与广告内容相结合。

（3）品牌形象与定位

①品牌形象：商业广告片是塑造品牌形象的重要手段之一。剪辑师需要了解品牌的特点和定位，并将其融入广告片剪辑中，以增强品牌的辨识度和记忆度。

②色彩与字体：色彩和字体是品牌形象的重要组成部分。因此剪辑师需要学会如何运用色彩和字体来传达品牌的理念和风格，以增强品牌形象的传递效果。

知识三　商业广告片后期剪辑功能讲解与应用

1. 画面定格效果

插入帧定格分段（Insert Frame Hold Segment）是一个常用的编辑功能，它允许用户在视频播放过程中插入一个静态帧，使视频在特定时间点暂停或定格，并延长其显示时间，从而在视频播放时创建一个定格效果。这个功能可以精确控制视频中的时间流动，从而创造出独特的视觉效果。

插入帧定格分段的功能表现在以下几个方面。

①定格效果：最直接的功能就是创建定格效果，使视频中的某一画面暂停显示，以吸引观众的注意力或强调某个细节。

②时间控制：用户可以自由设置定格画面的持续时间，根据需要调整视频的节奏和氛围。

③创意编辑：结合其他编辑功能，如过渡效果、滤镜等，可以进一步丰富定格画面的表现力，提升视频的整体质量。

通过在视频素材中添加“插入帧定格分段”命令，可以使原视频素材具备视觉吸引、情感表达、节奏控制等效果。

实践案例：画面定格效果设置

在一段视频中，运用“插入帧定格分段”命令，设置一个静止定格的画面，具体步骤如下。

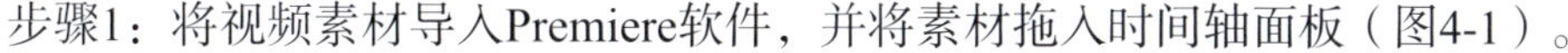

步骤1：将视频素材导入Premiere软件，并将素材拖入时间轴面板（图4-1）。

图4-1　**将素材拖入时间轴面板**

步骤2：浏览素材，选择需要进行定格的画面，并将时间指示器移动至需要定格帧的位置，如图4-2所示。

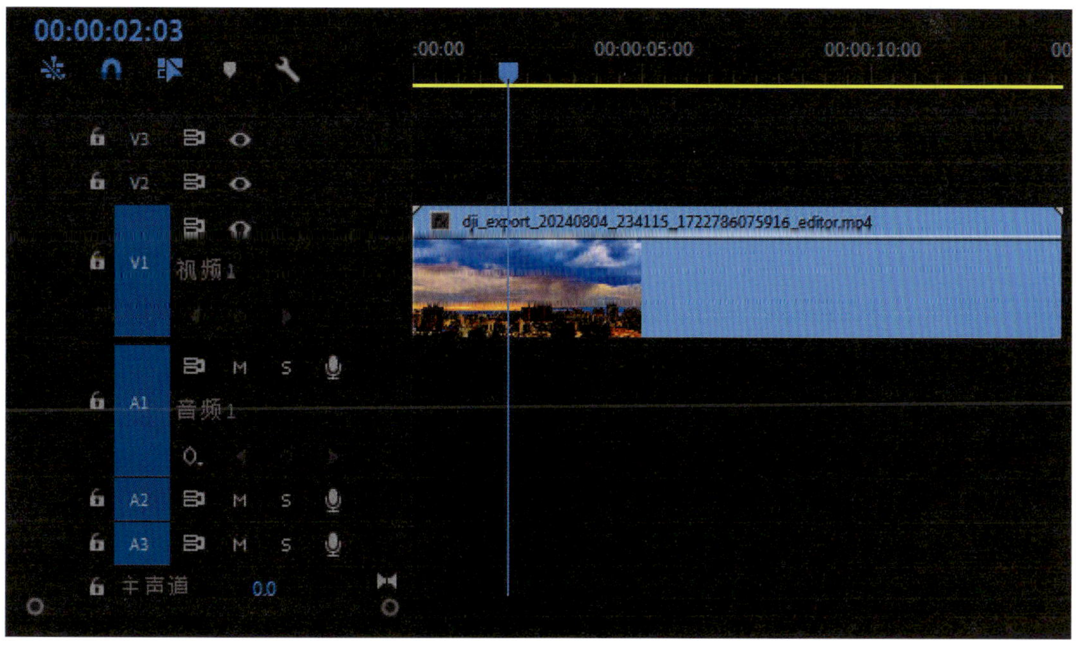

图4-2　**时间指示器所在位置**

步骤3：在选定的定格帧处，选中视频轨道，单击鼠标右键，在快捷菜单中选择“插入帧定格分段”命令，如图4-3所示。在视频轨道中添加“插入帧定格分段”命令后可发现，在选择的定格帧处出现了一段视频。该视频状态为静止的定格画面，时长约2秒，如图4-4所示。可以根据整体效果与节奏对该定格画面的持续时长进行调整。

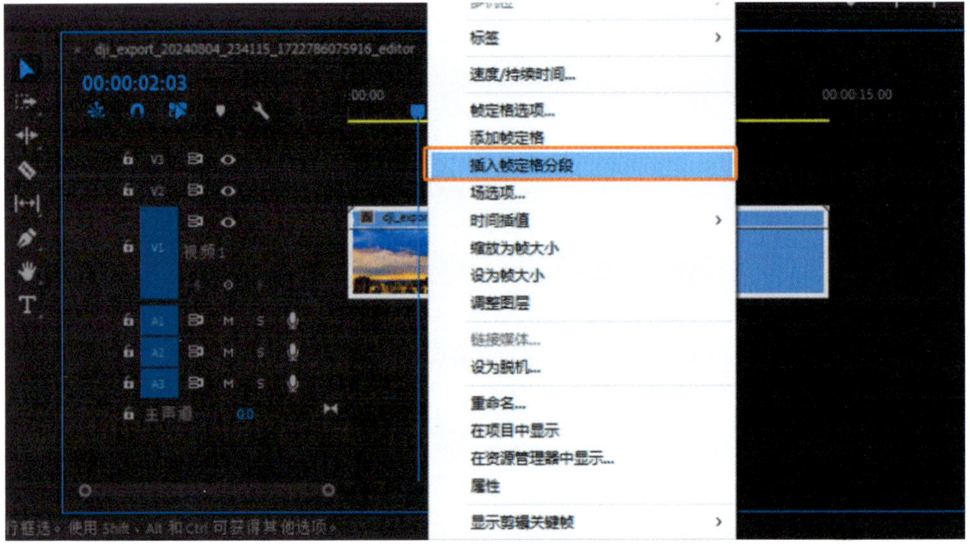

图4-3　插入帧定格分段

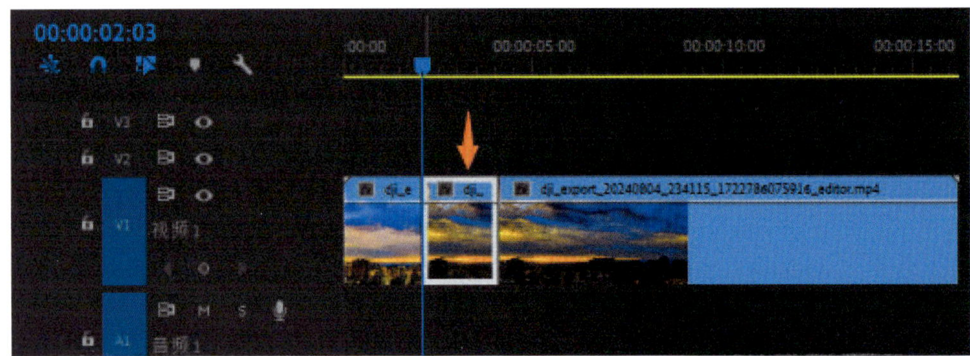

图4-4　使用“插入帧定格分段”之后素材的呈现方式

注意事项

①在使用“插入帧定格分段”时，要注意保持视频的整体连贯性和节奏感，避免过度使用而导致观众感到乏味或困惑。

②定格画面的选择也非常重要，要尽量选择能够引起观众共鸣或突出视频主题的帧画面。

2. 蒙版与转场

（1）蒙版的基本概念

蒙版是一种通过图形遮罩来控制视频画面显示区域的技术。在Premiere软件中，可以根据需要选择不同形状的蒙版，并调整其位置、大小、形状、不透明度等属性，以达到预期的视觉效果。

蒙版工具所在位置如图4-5所示，“效果控件”窗口中的“不透明度”就是Premiere软件中的蒙版工具。

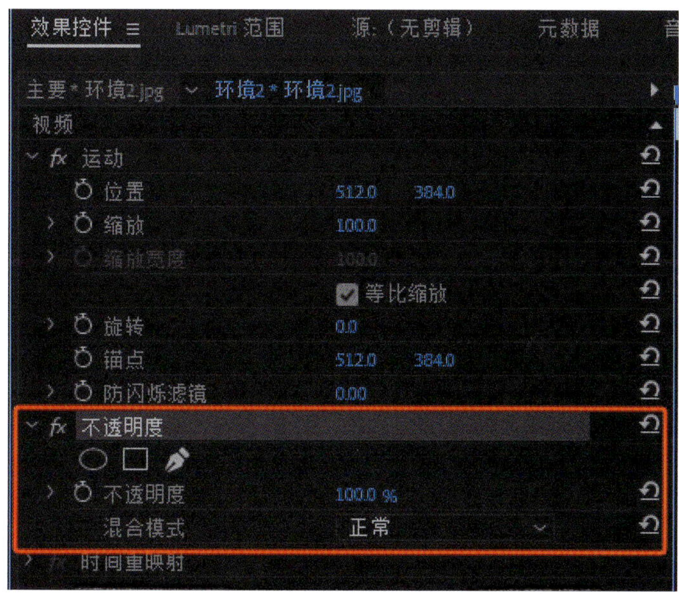

图4-5 蒙版工具所在位置

（2）蒙版的功能

局部调整：可以使用蒙版对视频的某个特定区域进行颜色校正、亮度调整或应用滤镜效果，而不影响其他部分。

聚焦或突出：通过创建圆形或椭圆形的蒙版，可以聚焦或突出视频中的某个重要元素，比如人物的脸部或特定物体。

动态效果：为蒙版添加关键帧，实现蒙版的动态效果，如移动、缩放或旋转，以增加视频的视觉效果和动态感。

过渡效果：在视频转场或特效过渡中，蒙版可以用于创建平滑的过渡效果，使视频剪辑更加流畅。

（3）蒙版的类型

1）椭圆蒙版（Ellipse Mask）

使用方法：在视频图层上添加蒙版，选择椭圆蒙版工具，拖动以创建椭圆形状的遮罩，如图4-6所示。

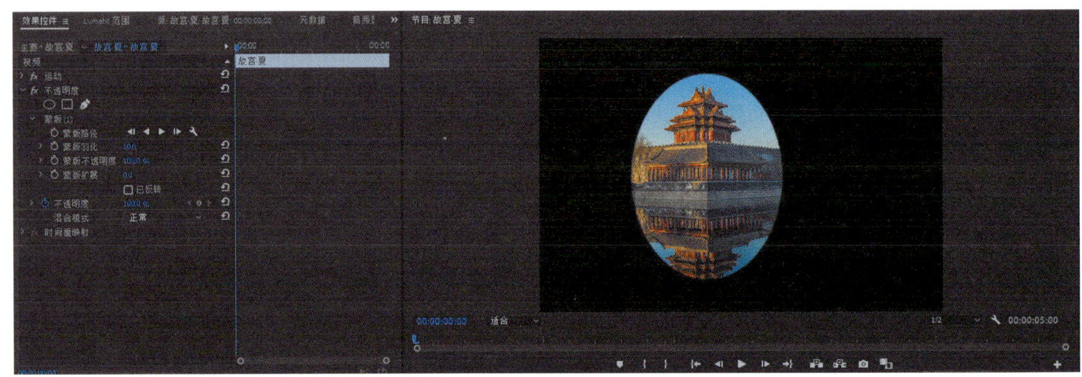

图4-6　椭圆蒙版创建效果

效果：用于创建圆形或椭圆形状的遮罩，常用于聚焦或突出显示视频的中心区域。

2）矩形蒙版（Rectangle Mask）

使用方法：在视频图层上添加蒙版，选择矩形蒙版工具，拖动以创建矩形遮罩，如图4-7所示。

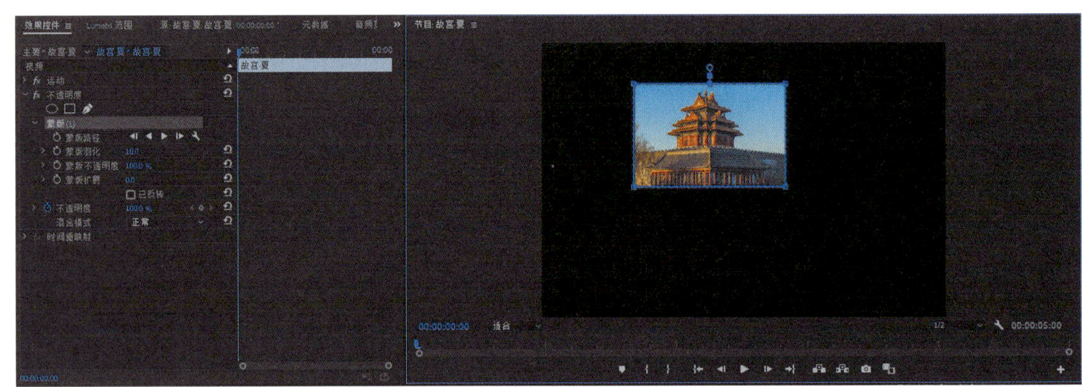

图4-7　矩形蒙版创建效果

效果：用于创建矩形的遮罩，适合简单的遮罩需求。

3）钢笔蒙版（Pen Tool Mask）

使用方法：使用钢笔工具绘制路径，形成精确的蒙版形状，如图4-8所示。

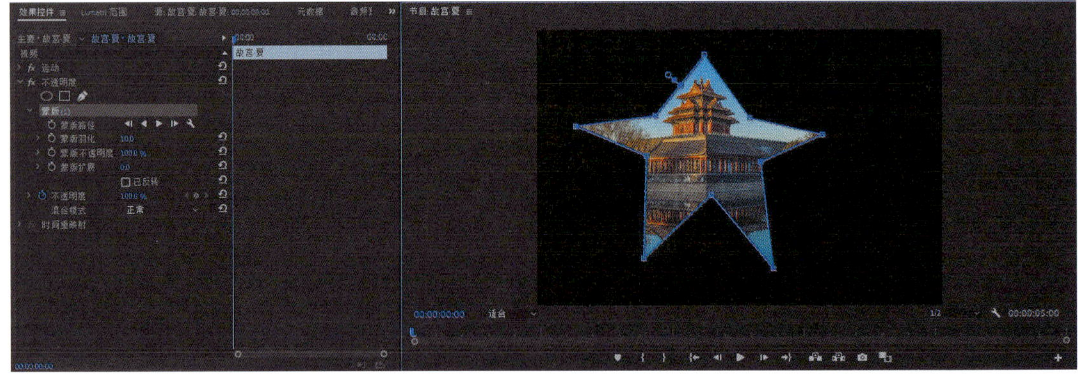

图4-8　钢笔蒙版创建效果

效果：允许用户创建非常精确和复杂的蒙版路径，适合需要高度定制的场景。

注意事项

在同一个素材中，可以同时出现以上三种蒙版效果，如图4-9所示。

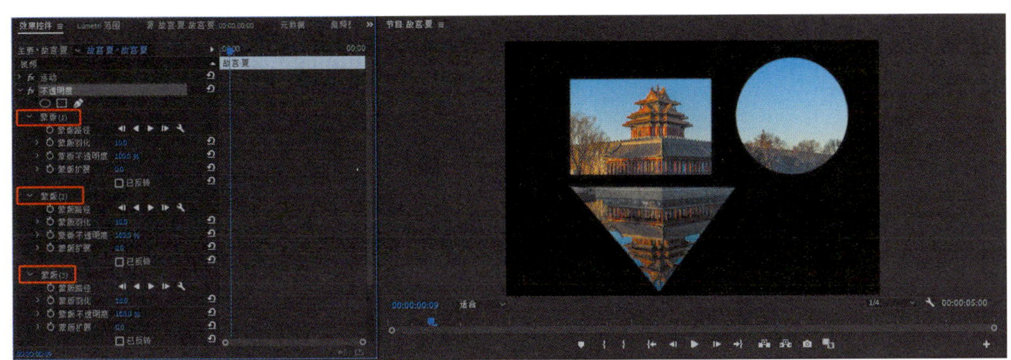

图4-9　多种蒙版创建效果

4）自由形状蒙版（Bézier Mask）■

使用方法：在视频素材上添加蒙版之后，选择该蒙版，按住Alt键，用鼠标点击节目监视器面板中蒙版路径的锚点，锚点两侧出现“扳手”，变成Bézier角，通过调整两侧“扳手”，调整蒙版形状。

按住Ctrl键，鼠标在蒙版路径两个锚点中间线段上变成钢笔形状，可以在该线段处添加锚点。按住Ctrl键，用鼠标在蒙版锚点上点击可以删减锚点。

（4）蒙版的属性

①蒙版位置。在视频素材上创建蒙版，将鼠标放在节目监视器面板的蒙版位置，当鼠标形状变成小手时，可以直接拖动鼠标，移动蒙版位置。

②蒙版路径。通过为蒙版路径添加关键帧，可以创建动态的遮罩效果，如移动、缩放或旋转的遮罩。

③蒙版扩展。通过调整蒙版边缘的扩展值来改变蒙版覆盖区域的大小。这个功能在视频编辑中非常有用，特别是在需要精确控制画面显示范围时。调整蒙版扩展值的方法有以下两种。

第一种：点击“蒙版扩展”旁边的数值框，输入一个正值或负值。正值表示蒙版边缘向外扩展，负值表示蒙版边缘向内收缩。实时预览蒙版扩展的效果，根据需要调整扩展值，直到达到满意的视觉效果。

第二种：通过节目监视器面板进行调节。添加蒙版之后，在节目监视器面板上会出现创建蒙版形状，在蒙版路径外侧的长柄上，可以看到有一个实心方块，鼠标左键点击方块进行拖动，可调节蒙版大小。图4-10为蒙版扩大效果，图4-11为蒙版缩小效果。向外拖动，扩大蒙版；向内拖动，缩小蒙版。

图4-10　蒙版扩大效果

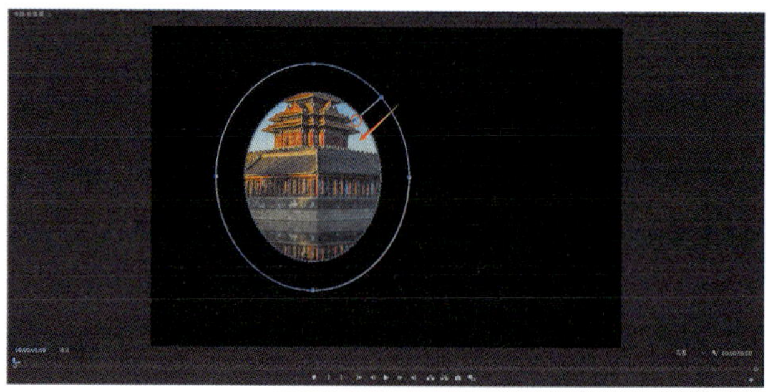

图4-11　蒙版缩小效果

注意事项

①适度使用：虽然蒙版扩展功能强大，但过度使用可能会使画面显得杂乱无章。因此，在使用时应根据实际需要适度调整。

②预览效果：在调整蒙版扩展值时，务必实时预览效果，确保最终的画面效果符合预期。

③结合其他工具：蒙版扩展通常与其他视频编辑工具结合使用，如蒙版羽化、蒙版反转等，以实现更丰富的视觉效果。

④蒙版羽化。蒙版羽化是通过调整蒙版边缘的透明度来实现的，它可以使蒙版边缘的像素逐渐过渡到背景或其他图层，而不是突然地切割或显示。这种效果在视频编辑中非常有用，特别是在需要模糊边缘、去除硬边或创建自然过渡时。可以通过以下两种方式对蒙版的羽化值进行调整。

第一种：点击“羽化”旁边的数值框，输入想要的羽化值。羽化值越大，蒙版边缘的过渡就越柔和；羽化值越小，过渡就越生硬。羽化值的数值最小为0。

第二种：通过节目监视器面板进行调节。添加蒙版之后，在节目监视器面板上会出现创建的蒙版形状，在蒙版路径外侧的长柄上，可以看到一个空心圆，用鼠标左键点击空心圆进行拖动，可调节蒙版羽化值大小，如图4-12所示。向外拖动，扩大蒙版羽化值，过渡柔和；向内拖动，缩小蒙版羽化值，过渡生硬。

图4-12　蒙版羽化值变化效果

⑤蒙版反转。启用反转选项可以反转遮罩的显示区域，隐藏原本显示的部分，显示原本隐藏的部分，如图4-13所示。

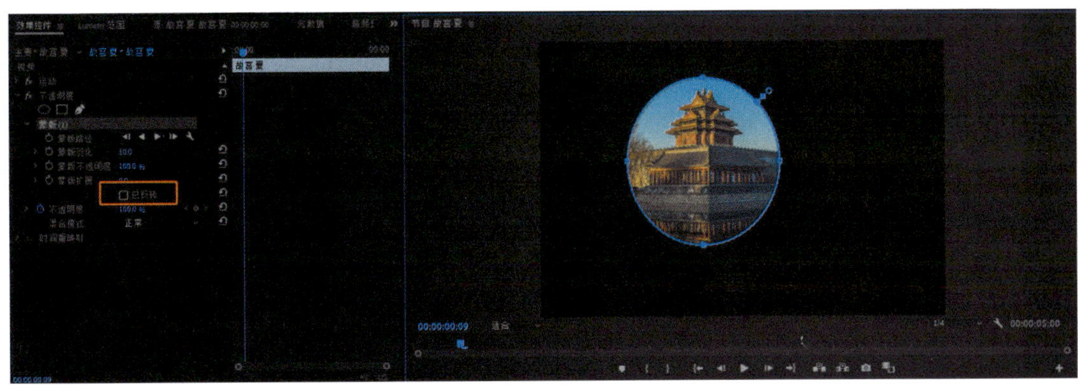

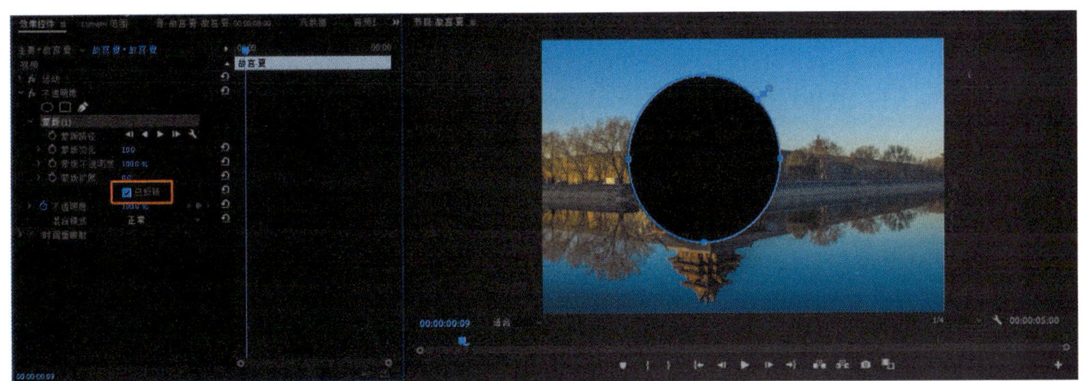

图4-13　蒙版反转对比效果

⑥蒙版不透明度。蒙版不透明度在视频编辑中有广泛的应用场景，包括但不限于以下几种。

抠图与合成：通过调整蒙版不透明度，可以实现图像的精确抠图，并将抠出的图像与其他素材进行合成，创造出丰富的视觉效果。

局部调整：在需要对视频中的某个局部区域进行颜色、亮度等调整时，可以使用蒙版选定该区域，并通过调整蒙版不透明度来控制调整效果的强度。

过渡效果：在视频转场或过渡效果中，蒙版不透明度可以用来实现图像或视频的淡入淡出效果，使过渡更加自然流畅。

实践案例1：放大强调效果制作

利用蒙版的功能，制作一个可以使画面内容局部放大从而强调内容的效果。素材为图4-14展示的荷花图片，将图片视觉中心的荷花进行放大，以起到强调作用。

步骤1：将素材放入时间轴面板中，并进行复制，将两个一样的素材进行上下罗列。

复制时间轴面板素材的两种方法：①通过组合键“Ctrl+C”与“Ctrl+V”进行复制粘贴；②选择需要进行复制的素材，按住Alt键，用鼠标右键拖住并将其移动至其他时间轴上，松开鼠标与按键，完成素材复制。

图4-14　素材图片“荷花”

步骤2：在上层视频素材中，创建椭圆形蒙版，并通过调整蒙版的形状、大小与位置，使蒙版置于荷花上且贴合荷花的大小（图4-15）。

图4-15　蒙版创建位置参考

步骤3：在效果控件面板中，选择“运动”下拉菜单中的“锚点”功能，将锚点置于蒙版下方靠近花杆的地方，如图4-16中锚点所在位置。改变锚点位置，可以使画面效果放大时有更好的衔接效果。

图4-16　锚点移动参考

步骤4：将时间指示器调整至1秒处，点击效果控件面板“缩放”功能前的秒表按钮，在1秒处打上关键帧，如图4-17所示。

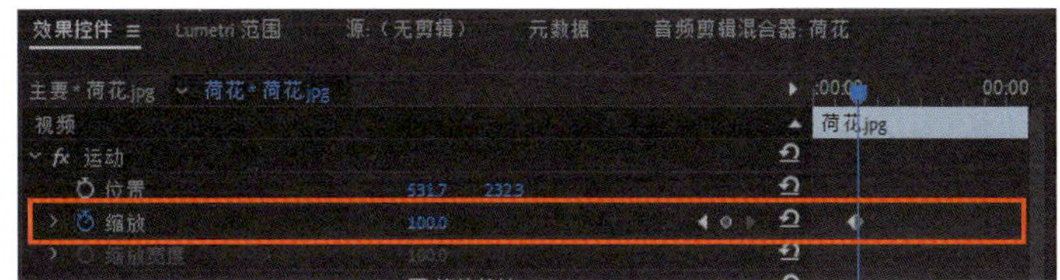

图4-17　**缩放关键帧**

步骤5：将时间指示器移动到3秒处，调整效果控件面板中的“缩放”功能，适当将数值增大。在节目监视器面板中可以发现，蒙版下的荷花产生了局部放大效果，如图4-18所示。

图4-18　**“放大”效果展示**

步骤6：根据画面整体与蒙版之间的效果，可以利用“蒙版羽化”功能进行调整，使整个画面效果更加协调。

实践案例2：蒙版文字效果制作

利用蒙版制作一个光线扫过文字的效果。

步骤1：创建文字图层，并将该图层在时间轴面板上进行复制。

步骤2：设置两个文字图层的颜色。V1轨道颜色较深，V2轨道颜色较浅，可参考图4-19。

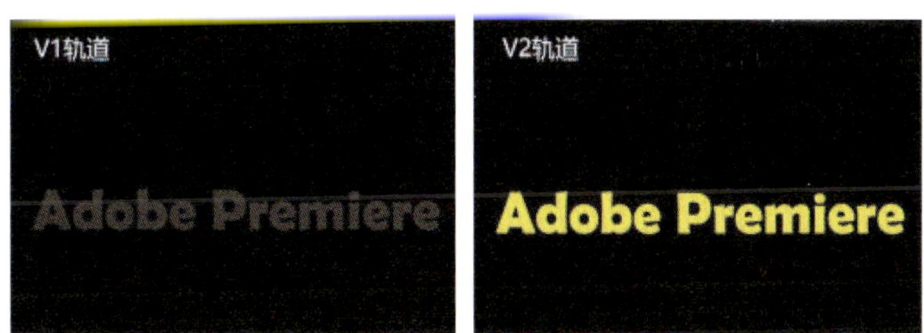

图4-19　**两种颜色设置参考**

步骤3：在V2轨道文字图层上创建蒙版，以矩形蒙版为例，创建完成之后，框选一侧锚点对蒙版形状进行调整，可参考图4-20。

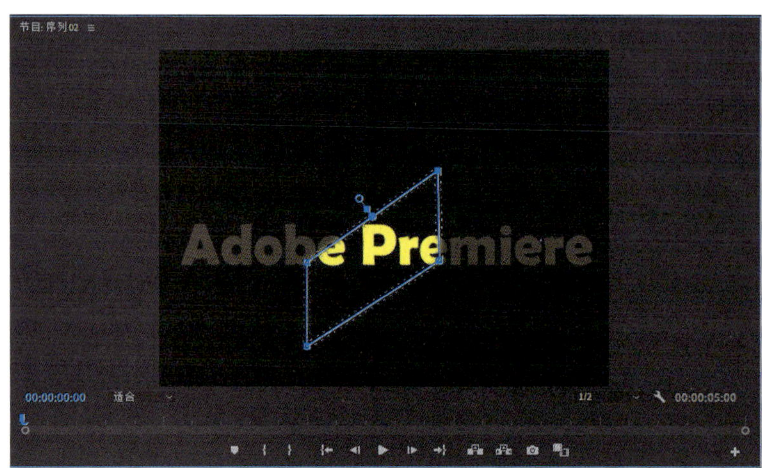

图4-20　蒙版创建形状参考

步骤4：添加蒙版动画。将时间指示器移动至时间轴0秒处，同时将蒙版移动至文字一侧范围外，激活效果控件面板中“蒙版路径”前的秒表按钮，在时间轴上打上关键帧；将时间指示器移动至结尾处，同时将蒙版移动至文字另一侧范围外，时间轴上自动生成关键帧。如图4-21所示。

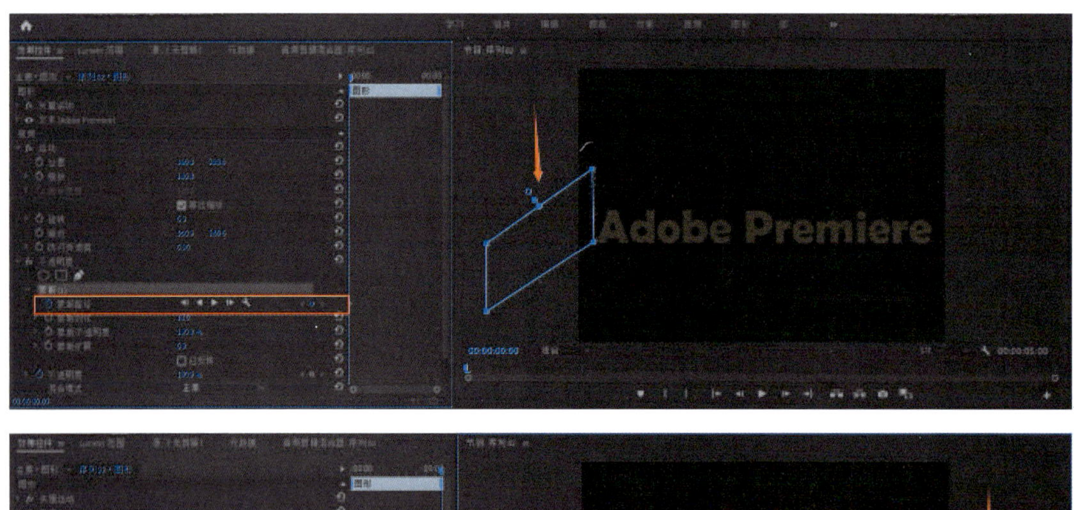

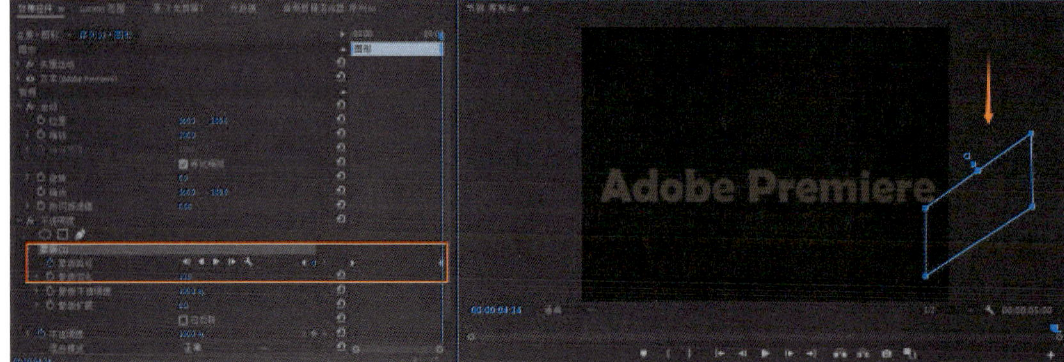

图4-21　蒙版路径

实践案例3：遮挡转场效果制作

利用素材中现有的内容，巧妙结合蒙版，制作转场效果。

步骤1：将素材1放入V2轨道中。浏览素材，当建筑开始显露边缘时，在时间轴上添加标记，此标记位于时间轴5秒24帧位置。

步骤2：将素材2放入V1轨道，使两个素材形成遮挡关系，并将素材2的起始位置放置于标记点处。

步骤3：选中V1轨道的素材1，从标记处创建矩形蒙版，点击效果控件面板中的“已反转”。

步骤4：调整蒙版位置与大小，使其切合素材1中的建筑边缘，如图4-22所示。

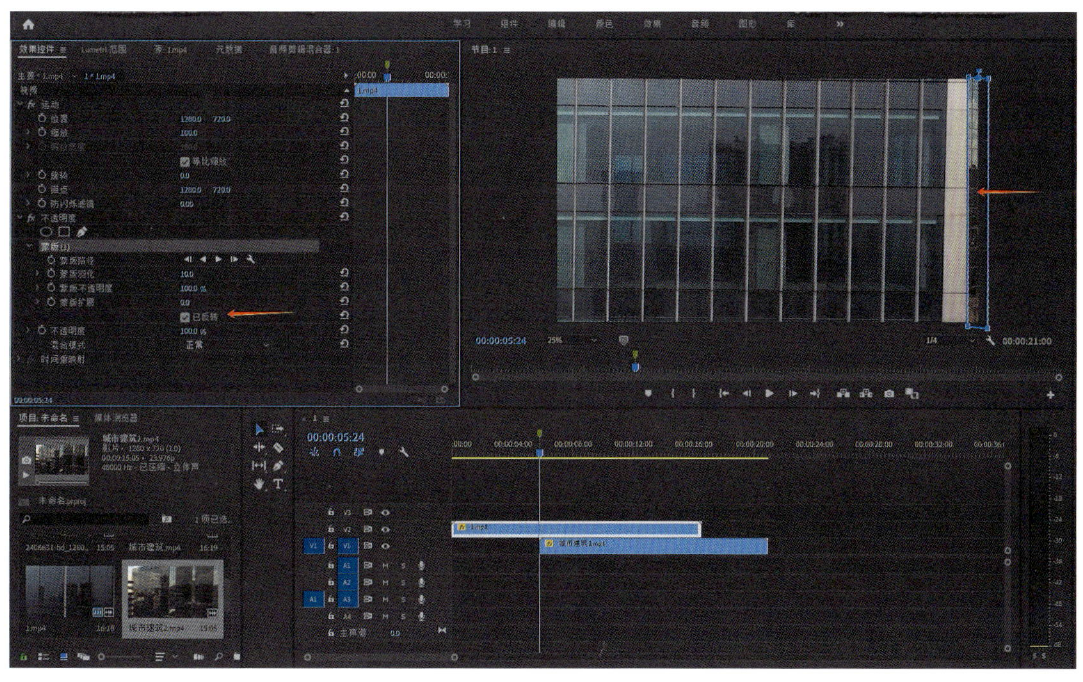

图4-22 蒙版的创建形状与大小

步骤5：制作蒙版动画。首先将时间指示器移动至标记点前一帧位置，即5秒23帧处，将制作好的蒙版移至画面外，并在效果控件面板中的“蒙版路径”上设置关键帧，操作如图4-23所示；将时间指示器移动至建筑消失在画面前一帧的位置，框选蒙版左侧两个锚点，扩大蒙版范围，此时位于V1轨道上的素材全部显示出来，效果如图4-24所示。

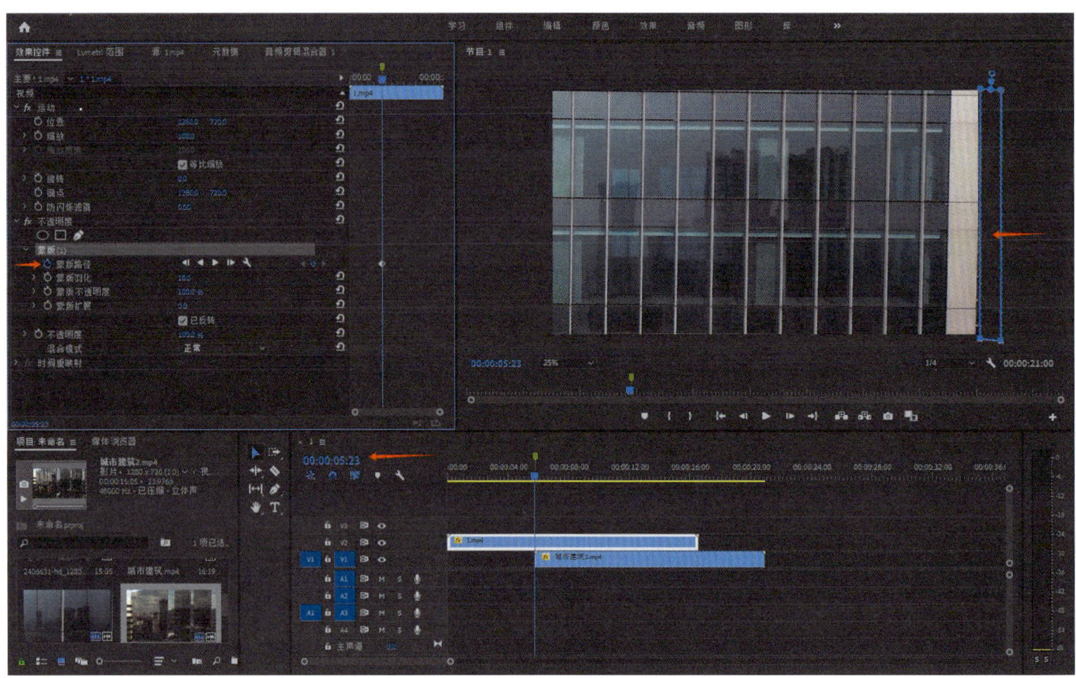

图4-23　蒙版关键帧位置参考

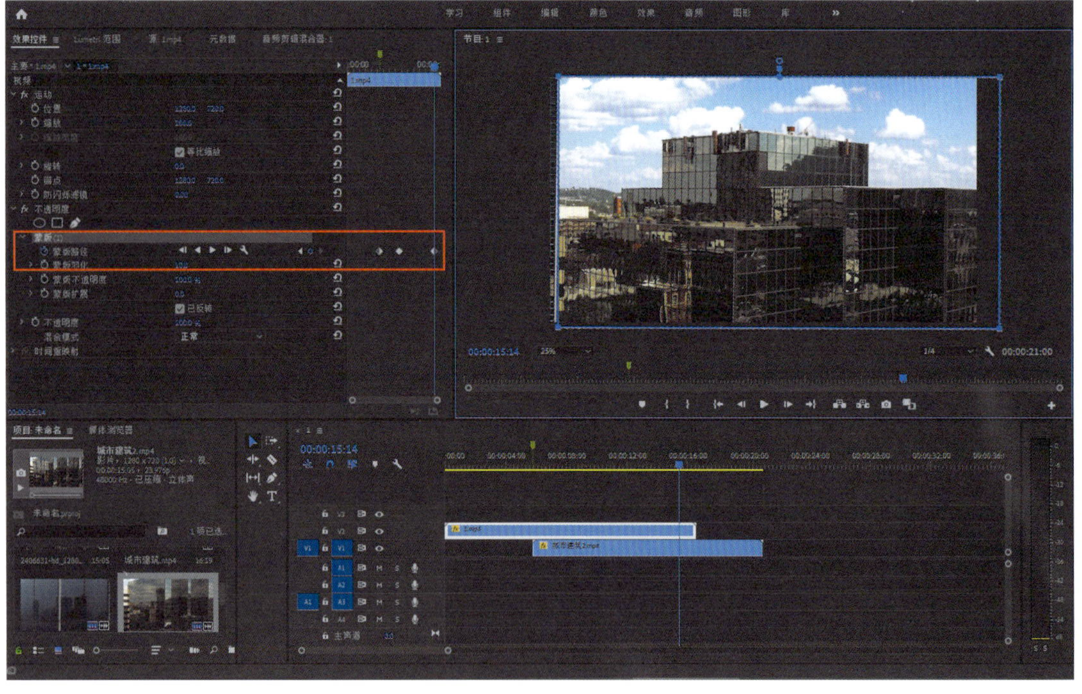

图4-24　蒙版关键帧参考

步骤6：添加羽化效果，使两个素材过渡柔和。浏览视频，如有蒙版没有跟上建筑移动的情况，便进行蒙版范围调整。

3. 遮罩与效果

Premiere软件中的遮罩是一种强大的视频编辑工具，它允许用户通过特定的图形或视频层来控制另一个视频层的显示区域。

（1）遮罩的原理

遮罩的基本原理是为主体轨道添加遮罩层，使得主体轨道的内容仅在遮罩层的有色部分显示，而透明或黑色部分则不显示。这种技术可以用于创建各种视觉效果，如文字遮罩效果、图形遮罩效果、视频遮罩效果等。

（2）遮罩的应用场景

遮罩功能在Premiere中有着广泛的应用场景。

文字遮罩：通过遮罩层控制文字在视频中的显示区域，实现文字与视频内容的融合。

图形遮罩：将图形作为遮罩层，创建独特的视觉效果，如形状遮罩效果、动态遮罩效果等。

视频遮罩：将一个视频作为遮罩层，控制另一个视频的显示区域，实现复杂的视频叠加效果。

转场效果：利用遮罩技术制作各种创意转场效果，如水墨转场效果、标题遮罩转场效果等。

（3）遮罩类型

在Premiere中，遮罩可以通过多种方式实现，但最常见的是使用轨道遮罩键（Track Matte Key）功能。

1）Alpha遮罩

原理：以遮罩层的Alpha通道透明信息作为遮罩。

效果：在遮罩层不透明的地方，被遮罩层对应位置的内容会完全显示；在遮罩层半透明的地方，被遮罩层对应位置的内容会显示为半透明状态；在遮罩层透明的地方，被遮罩层对应位置的内容则不显示。如图4-25所示。

图4-25 Alpha遮罩效果

2）亮度遮罩

原理：以遮罩层的黑白亮度信息作为遮罩，白色最亮，黑色最暗。

效果：遮罩层亮度信息越多的地方（如白色），被遮罩层对应位置的内容会完全显示；遮罩层亮度信息较少的地方（如灰色），被遮罩层对应位置的内容会显示为半透明状态；遮罩层没有亮度信息的地方（如黑色），被遮罩层对应位置的内容则不显示。

实践案例1：Alpha遮罩——镂空文字效果制作

▶ 微课 ◀
Alpha遮罩镂空文字效果案例

利用Alpha遮罩效果制作一段视频，使所输入的文字呈现镂空效果，显示下层图层的视频素材内容。

步骤1：导入视频素材，将视频素材放置于时间轴面板中的V1轨道上。在V2轨道上创建文字图层，输入文字“Adobe Premiere”，并调整文字图层大小，使画面整体效果协调，如图4-26所示。

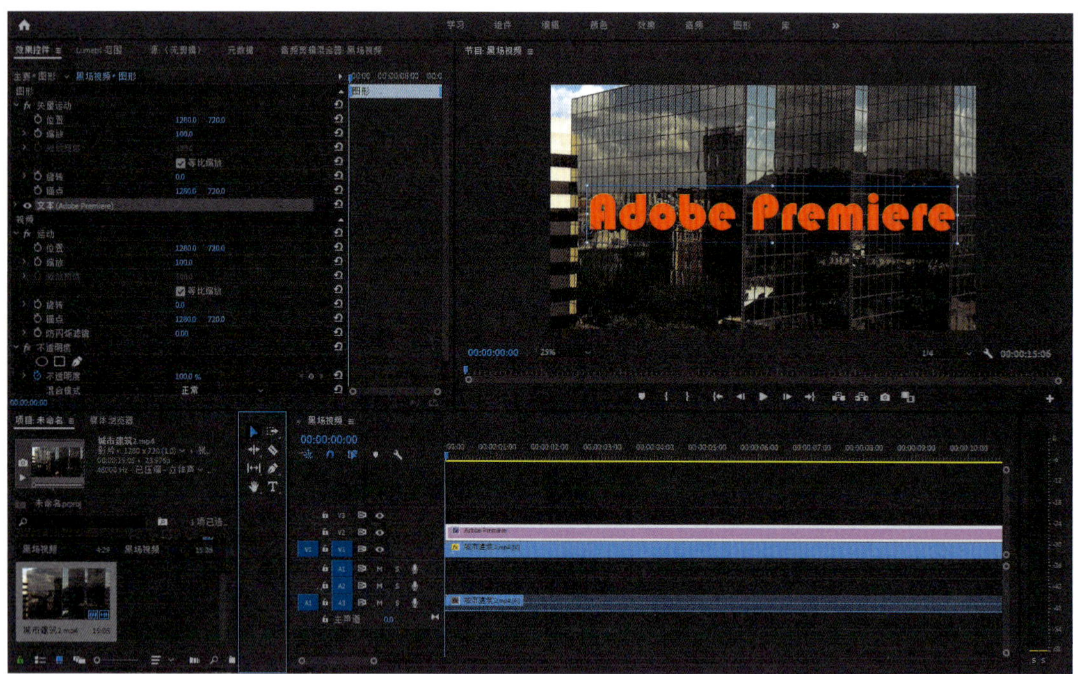

图4-26　文字与视频素材比例参考

步骤2：在效果面板中搜索“轨道遮罩键”，并将其拖拽至时间轴面板中V1轨道的视频素材上，如图4-27所示。

图4-27 将“轨道遮罩键”拖至视频素材上

步骤3：在效果控件面板中，找到“轨道遮罩键”的下拉选项，“遮罩”选择需要应用遮罩的视频素材，即“视频2”，“合成方式”选择“Alpha遮罩”。此时观察节目监视器面板可以发现，输入的文字成为镂空效果，透出下层视频素材的内容，效果如图4-28所示。

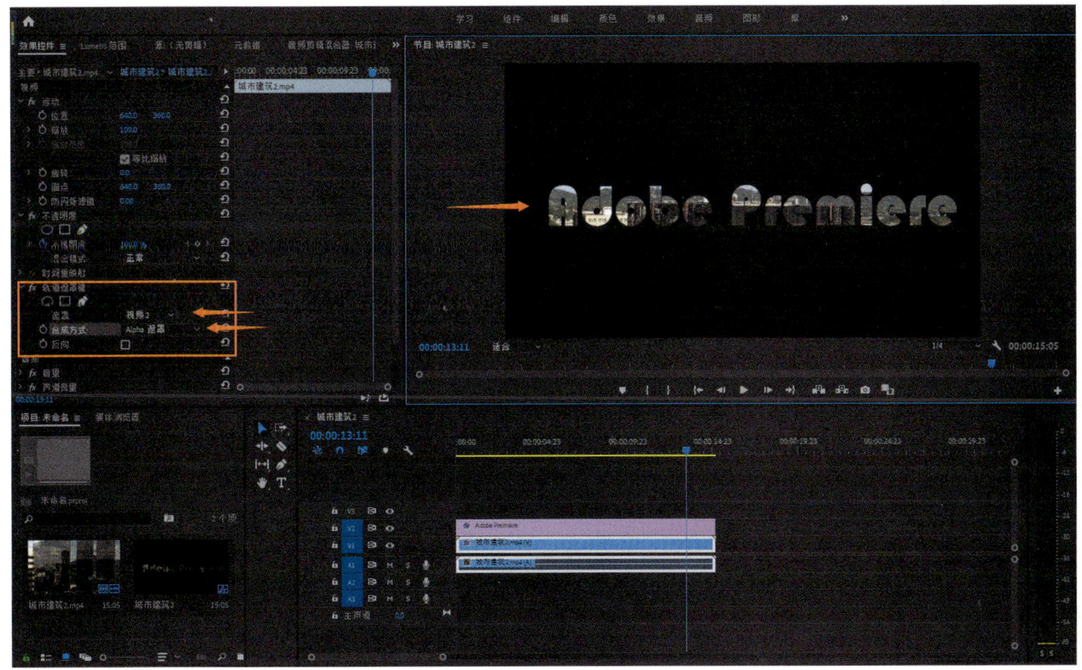

图4-28 最终效果展示

实践案例2：亮度遮罩——水墨出现效果制作

利用亮度遮罩的“黑色——透明；白色——不透明；灰色——半透明”原理，使用黑白分明的水墨素材，制作出视频内容以水墨方式逐渐呈现的效果。

步骤1：将视频素材放置于时间轴面板中的V1轨道上，将水墨素材放置于视频素材上层的V2轨道上。

步骤2：在效果面板中搜索“轨道遮罩键”，并将其拖至V1轨道的视频素材上。

步骤3：在效果控件面板中，找到“轨道遮罩键”的下拉选项，“遮罩”选择需要应用遮罩的视频素材，即“视频2”，“合成方式”选择“亮度遮罩”。

步骤4：勾选效果控件面板中的“反向”，此时浏览视频会发现整体效果像预想一样，视频以水墨晕开的方式逐渐呈现，如图4-29所示。

图4-29　勾选“反向”

实践案例3：亮度遮罩——水墨转场效果制作

利用亮度遮罩的原理和案例2的思路，制作两段视频素材的水墨转场效果。

步骤1：将两段视频素材分别放置于时间轴面板中的V1和V2轨道，错开排列，保持部分重叠。将水墨素材放置于V3轨道，使其起点位置与V2轨道中视频素材的起始位置保持一致，如图4-30所示。

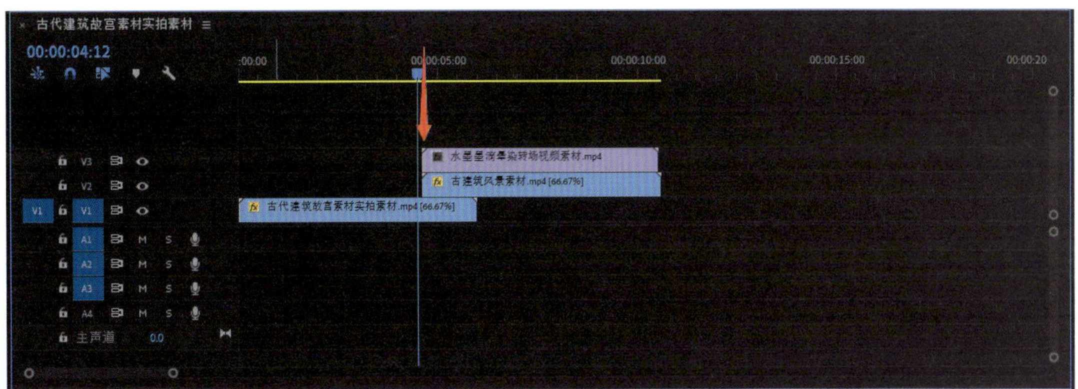

图4-30 **视频素材位置**

步骤2：在效果面板中搜索“轨道遮罩键”，并将其拖至时间轴面板中V2轨道上的视频素材上。

步骤3：在效果控件面板中，找到“轨道遮罩键”的下拉选项，“遮罩”选择需要应用遮罩的视频素材，即“视频3”，“合成方式”选择“亮度遮罩”，勾选“反向”。

任务一 汽车商业广告片制作

1. 任务描述

在商业广告片的世界中，汽车广告片以其独特的视觉冲击力、精湛的制作工艺和深刻的品牌传达力，始终占据着举足轻重的地位。一辆汽车，从静止到飞驰，从细节到整体，无不凝聚着设计师与后期制作人员的智慧与汗水。近年来，我国的智能制造技术突飞猛进，新能源汽车在世界范围内有广阔的市场前景和广泛的影响力，彰显出中国力量与中国速度，下面通过我国研发制造的新能源汽车——宝沃BX7 TS汽车广告片后期制作案例，深入探讨其中涉及的关键知识点——插入帧定格分段、蒙版与遮罩技术，以及它们如何共同作用于一个成功的商业广告之中。

2. 任务实施

步骤1：将案例素材导入Premiere软件中。

步骤2：制作空镜镜头。将“空镜”素材放置于时间轴面板的V1轨道上，取消链接，移除原素材音频轨道。

步骤3：鼠标右键单击轨道视频素材上的“fx”，在弹出的下拉菜单中选择“时间重映射”→“速度”，如图4-31所示。

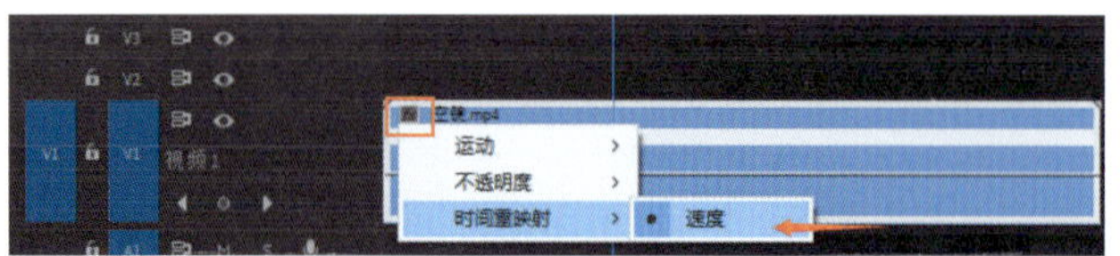

图4-31 “时间重映射”位置

步骤4：在第2秒15帧处添加关键帧，并调整关键帧前后两段的速度，达到由快变慢的视觉效果。

步骤5：制作拍摄定格效果。将“摄影1”素材、“公路”素材分别放置于时间轴面板的V1轨道中，并将“对焦单拍”素材放置于V2轨道中，使其起始位置与“公路”素材保持一致。

步骤6：在效果面板中搜索“高斯模糊”，并将其添加到“公路”素材上。调整“高斯模糊”的“模糊度”数值参数，制作对焦效果。在“公路”素材视频起始位置3秒16帧处，激活“高斯模糊”中“模糊度”前的秒表，将数值设置为40；在4秒3帧处，将“模糊度”参数设置为0；在4秒8帧处，将“模糊度”参数设置为30；在4秒12帧处，将“模糊度”参数设置为0。效果如图4-32所示。

图4-32 效果展示

步骤7：在6秒21帧处，添加“插入帧定格分段”。单击鼠标右键，在下拉菜单中选择“插入帧定格分段”命令，调整定格片段位置，使其与V2轨道素材一致，删减后部多余素材。

步骤8：将“摄影2”素材添加至V1轨道上，将“公路2”与“对焦三连拍”素材分别放置于V1和V2轨道上。

步骤9：在V1轨道上添加“插入帧定格分段”命令。在10秒18帧处添加“插入帧定格分段”命令，该定格静止画面持续3帧，到10秒21帧处结束；在11秒2帧处添加“插入帧定格分段”命令，持续3帧，到11秒5帧结束；在11秒11帧处再次添加该命令，定格静止画面于11秒15帧结束。

步骤10：利用蒙版制作镜头的切换效果。首先将素材“弹琴”“独舞”和“人群”分别放置时间轴面板的V1、V2、V3轨道上。选中V3轨道上的“人群”素材，为其绘制一个与画面大小一致的矩形蒙版，并在素材起始位置处（13秒15帧）激活该矩形蒙版的“蒙版路径”前的计时器，为其添加关键帧。将时间指示器移动至15秒15帧处，选中矩形蒙版并向左移动，直至V2轨道上的“独舞”素材完全显示出来。在15秒16帧处，选中V2轨道上的“独舞”素材，绘制一个与画面大小一致的矩形蒙版，并激活该矩形蒙版的“蒙版路径”前的计时器，为其添加关键帧。将时间指示器移动至17秒16帧处，选中矩形蒙版并向右移动，直至V1轨道上的“弹琴”素材完全显示出来，效果如图4-33所示。剪掉多余的视频素材。

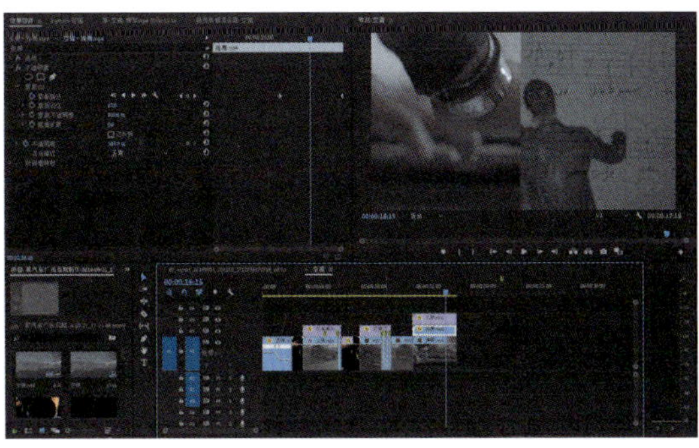

图4-33 切换效果

步骤11：制作第二组镜头切换效果。将“公路行车正面”“启动键”和“导播台”三份素材分别放置于时间轴面板的V1、V2和V3轨道上。选中V3轨道上的“导播台”素材，于17秒16帧处绘制一个矩形蒙版，并激活“蒙版路径”；将时间指示器移动至18秒0帧处，选中矩形蒙版向上移动，将其移出画面；选中V2轨道的“启动键”素材，将时间指示器移动至19秒0帧处，激活效果控件面板上的“位置”，将时间指示器移动至19秒9帧处，向下移动“启动键”素材。

步骤12：添加水墨效果。导入“公路行车正面”素材后，将时间指示器移动至22秒15帧处，用剃刀工具对素材进行裁剪，并将裁剪后的素材放置于时间轴面板V2轨道。将“车标”素材导入并放置于V1轨道，将“转场效果”素材放置于V3轨道，保持三份素材结束时间一致（图4-34）。选中V2轨道上的素材，在“效果”中搜索“轨道遮罩键”，并将其拖拽至V2轨道素材上。在效果控件面板上，“合成方式”选择“亮度遮罩”，“遮罩”选择“视频3”，勾选“反向”，水墨过渡效果完成。

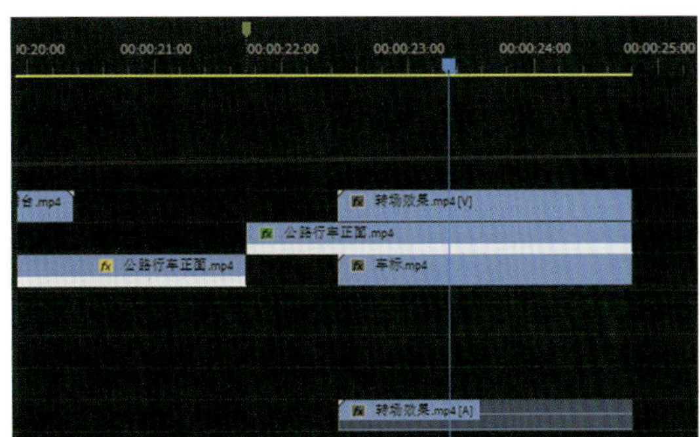

图4-34 素材位置

3. 任务评价标准

汽车商业广告片后期制作应达到以下效果。

①视觉冲击力：通过精心地剪辑、调色、特效处理，使广告画面具有强烈的视觉冲击力，能够迅速吸引观众的注意力。

②叙事清晰：广告应能够清晰地传达产品信息、品牌理念或活动主题，让观众在短时间内理解广告的核心内容。

③情感共鸣：通过音乐的搭配、画面的剪辑和特效的运用，激发观众的情感共鸣，增强广告的记忆点和传播力。

④技术精湛：在技术层面，广告应展现出高超的后期剪辑水平，包括精准的帧定格分段、流畅的蒙版过渡、恰到好处的遮罩效果等。

4. 知识点总结

①插入帧定格分段：用于突出关键瞬间或细节，增强视觉冲击力。学生应学会在适当位置插入帧定格，并调整其持续时间以达到最佳效果。

②蒙版：通过定义特定形状或路径来控制图像显示区域，常用于突出主体、模糊背景或实现图像间的过渡。学生应熟练掌握蒙版的创建、调整和应用技巧。

③遮罩：与蒙版类似，但更多用于视频或动画中，通过遮罩层与视频层的叠加实现复杂视觉效果。学生须了解遮罩的工作原理，并能结合实际情况进行创意应用。

5. 拓展性训练

（1）案例分析报告（知识拓展）

1）训练目标

①拓宽视野，提升鉴赏能力和批判性思维。

②加深对所学知识的理解和应用。

2）作业要求

选取几个经典的或近期热门的商业广告案例，深入分析其后期制作中的亮点与技巧，特别是插入帧定格分段、蒙版与遮罩技术的运用情况。需要撰写详细的案例分析报告，包括广告背景介绍、技术解析、创意点评及个人启示等内容。

3）评价标准

①分析深度：对广告案例的解析是否深入、透彻。

②创意点评：对广告创意的见解和评价是否独到。

③个人启示：从案例中获得的启示与对自身学习的促进作用。

（2）创意广告短片制作（技能提升）

1）学习目标

①巩固对插入帧定格分段、蒙版与遮罩技术的理解与应用。

②培养创意构思、团队协作与项目管理能力。

2）作业要求

①以小组为单位，自选商业广告主题，结合所学后期制作技术，创作并制作一个时长不超过1分钟的商业广告短片。

②短片中至少包含两次有效的插入帧定格分段，并包含蒙版和遮罩技术的创意应用。

③鼓励探索并尝试其他后期制作技巧，以提升短片质量。

④完成作品后，小组须提交最终视频文件及创作报告，报告中应包含创意构思、技术实现过程、遇到的挑战及解决方案等内容。

3）评价标准

①创意性：广告主题的独特性、创新性和吸引力。

②技术实现：插入帧定格分段、蒙版与遮罩技术的运用效果及整体后期制作质量。

③团队协作：小组成员间的分工合作与沟通协调能力。

④报告质量：报告的完整性、条理性和深度。

知识四 公益广告片剪辑简介

1. 公益广告的定义与特点

（1）定义

公益广告，是指不以营利为目的，旨在为社会公众服务的广告活动。它通过特定的传播媒介和表现形式，向广大社会成员传播对社会有益的道德观念、行为规范、价值理念或思想意识，旨在引导公众的行为方式，促进社会和谐与进步。公益广告的内容广泛，可以涉及环境保护、社会公德、公共安全、健康卫生、文化教育、助残扶弱等多个方面。

（2）特点

①非营利性：公益广告的首要特点是其非营利性质。它不同于商业广告，不以销售产品或服务、获取经济利益为直接目的，而纯粹是为了公共利益和社会福祉而创作和传播的。

②社会性：公益广告的内容紧密关联社会热点、难点问题，旨在唤起公众对特定社会问题的关注，促进社会问题的解决。它蕴含着很强的社会责任感和使命感，是连接政府与民众、传播正能量的重要桥梁。

③教育性：公益广告通过生动的画面、感人的故事、深刻的寓意等方式，向公众传递积极向上的价值观念和行为规范，具有显著的教育意义。它有助于提高公众的道德素质、文明素养和社会责任感，推动社会风气的改善。

④艺术性：为了吸引公众的注意力和提高传播效果，公益广告往往注重艺术表现和创新性。它运用多种艺术手法和表现形式，如动画、音乐、诗歌等，使广告内容更加生动、形象、感人，从而加深公众对广告主题的理解和记忆。

⑤广泛性：公益广告的传播范围广泛，不受地域、时间、受众群体等限制。它可以通过电视、广播、报纸、网络等多种媒介进行传播，覆盖到社会各个阶层和角落，实现信息的快速传递和广泛覆盖。

⑥长期性：公益广告的传播效果往往具有长期性和累积性。它不像商业广告那样追求短期的经济效益，而是注重通过持续不断的宣传和教育，逐渐改变公众的观念和行为习惯，推动社会进步和发展。

2. 公益广告片的剪辑技巧

（1）情感共鸣与故事叙述

①情感共鸣：公益广告片往往通过情感共鸣来传达其社会信息或倡导某种观念。因此，在剪辑中需要注重情感的表达与传递，通过画面、音乐、色彩等元素的组合来触动观众的情感。

②故事叙述：构建一个有吸引力的故事是公益广告片成功的关键。剪辑师需要学会如何选择和组合镜头，以讲述一个连贯、感人且有力的故事。

（2）信息传达与清晰度

①信息明确：公益广告片的目的是传达特定的社会信息或观念，因此剪辑时需要确保信息的明确性和准确性。避免使用模糊或含糊不清的表述，以免观众产生误解。

②画面简洁：为了突出信息，公益广告片的画面往往比较简洁明了。剪辑师需要学会如何通过简洁的画面来传达复杂的信息或情感。

（3）创意与艺术性

①创意表达：公益广告片需要具有创新性，以吸引观众的注意力并使其留下深刻印象。剪辑师可以运用各种创意手法，如象征、隐喻、对比等，来增强广告的表现力和感染力。

②艺术性表现：在保持信息传达清晰的同时，也需要注重公益广告片的艺术性表现。通过色彩、构图、光影等元素的运用，营造出独特的视觉风格和氛围。

知识五　公益广告片后期剪辑功能讲解与应用

1. 镜头语言

在影视制作中，镜头语言是后期剪辑的灵魂，它搭建了前期拍摄与最终成片的桥梁，并塑造了影片的独特风貌。剪辑师通过精选镜头类型、角度及运动方式，创造独特的视觉风格，强化影片主题与情感。镜头剪辑的节奏则控制着叙事节奏，引导观众产生情感波动，推动故事发展。镜头更是导演情感的传递者，每个镜头都蕴含导演的独特见解。优秀的镜头运用能极大提升观众的沉浸感，让他们与影片角色共鸣，共同体验故事。因此，剪辑师须精通镜头语言，以精湛技巧雕琢影片，呈现视觉与情感的完美融合。

（1）镜头的定义

镜头在影视领域中有两层含义：一是指电影摄影机、放映机用以生成影像的光学部件；二是指从开机到关机所拍摄下来的一段连续的画面，两个剪接点之间的片段也称为一个镜头。在影视作品中，镜头是组成整部影片的基本单位，若干个镜头构成一个段落或场面，若干个段落或场面则构成一部影片。因此，镜头是构成视觉语言的基本单位。

（2）镜头的分类

1）固定镜头

定义：固定镜头是一种在拍摄过程中，机位、镜头光轴和焦距都保持固定不变的拍摄方式，而被摄对象可以是静态的，也可以是动态的。

特点：视点稳定，构图不变；适用于展现静态环境，如会场、庆典等场景；能够较为客观地记录和反映被摄主体的运动速度和节奏变化。

适用场景：固定镜头适用于展现静态环境，如会场、庆典、事故等事件性新闻的场景。通过远景、全景等大景别的固定画面，可以清晰地交代事件发生的地点和环境。

2）运动镜头

定义：运动镜头是指在拍摄过程中，通过移动摄影机来拍摄画面，从而增添画面的动感和表现力。运动镜头包括推、拉、摇、移、升、降、跟等多种类型。

运动镜头的分类如下。

①推镜头。

特点：摄像机镜头与画面逐渐靠近，画面外框逐渐缩小，画面内的景物逐渐放大，效果如图4-35所示。

图4-35 推镜头示意

作用：引导观众更深刻地感受角色的内心活动，加强情绪气氛的烘托。

适用场景：常用于突出主体人物或细节，如在新闻播报中突出重要人物，或在纪录片中展示物体的细节特征。

②拉镜头。

特点：沿摄影机光轴方向向后移动，是一种远离式的拍摄方法，画面包容的范围越来越大，效果如图4-36所示。

作用：表现主体和主体与所处环境的关系，常用于影片的结尾，充当镜头的结语和升华情绪。

适用场景：适用于需要展示环境全貌或逐渐揭示人物与环境的关系时，如在纪录片中展现自然风光或城市全景。

图4-36 拉镜头示意

③摇镜头。

特点：摄影机机位不做位移运动，而是利用三脚架、云台的可变动拍摄方向的功能，使机身做上下、左右方向的变化，如图4-37所示。

作用：逐一展示、逐渐扩展景物，产生巡视环境、展示规模等多种艺术效果。

适用场景：常用于拍摄广阔的风景、大型活动或人物对话等场景，以增强画面的动态感和视觉冲击力。

图4-37 摇镜头示意

④移镜头。

特点：摄影机沿各种方向做移动拍摄，如轨道车移动拍摄、手持摄影机移动拍摄等，如图4-38所示。

作用：表现场景中人与物、人与人、物与物之间的空间关系，或者把一些事物连贯起来加以表现。

适用场景：适用于需要展现复杂空间关系或跟随运动物体的场景，如体育比赛、追逐戏等。

图4-38 移镜头示意

⑤升降镜头。

特点：摄影机上下运动拍摄画面，是一种从多视点表现场景的方法。

作用：给观众带来丰富的视觉感受，增强空间深度感。

适用场景：常用于拍摄高楼、山川等具有垂直高度差的自然景观，或表现人物在不同高度上的视角变化。

⑥跟镜头。

特点：镜头跟随运动的人或物体进行拍摄，按位置关系分为前跟、后跟、侧跟等。

作用：表现运动主体的运动状态，强化跟踪的视点感。

适用场景：适用于拍摄奔跑、追逐等运动场景，或需要强调运动主体与周围环境关系的场景。

（3）镜头运用的重要性

①塑造视觉风格。镜头运用是构建影片视觉风格的重要手段。通过选择不同的镜头类型（如广角、长焦、微距等）、拍摄角度（俯拍、仰拍、平拍等）以及运动方式（推、拉、摇、移等），剪辑师能够创造出独特的视觉效果，强化影片的主题和情感氛围。例如，使用广角镜头可以展现宽广的场景，营造宏伟或孤寂的氛围；而长焦镜头则能压缩空

间，突出主体，常用于表达紧张或亲密的情感。

②调控叙事节奏。镜头的剪辑节奏直接影响影片的叙事速度和观众的情感体验。通过精心设计的镜头切换和时长控制，剪辑师能够调节故事的紧张度、悬念感和观众的情感波动。快速的镜头切换可以营造出紧张、激烈的气氛，适用于动作片或惊悚片；而缓慢的镜头移动和长时间的停留则能引发观众的深思，适用于文艺片或情感片。此外，镜头的剪辑还能通过对比、呼应等手法，吸引观众的注意力，推动故事的发展。

③传递导演意图和故事情感。镜头不仅仅是画面的捕捉工具，更是导演意图和故事情感的传递工具。每一个镜头的选择、拍摄和剪辑都蕴含着导演对故事的理解和表达。通过镜头的运用，导演能够向观众传达特定的情感、态度和价值观。例如，通过特写镜头展现人物的眼神或表情，可以深入刻画人物的内心世界；通过对比不同场景或人物的镜头，可以突出故事的冲突和张力。因此，镜头运用在后期剪辑中的准确性、恰当性和创造性，对于实现导演的意图和表达故事的情感至关重要。

④增强观众沉浸感。优秀的镜头运用能够增强观众的沉浸感，使他们更加深入地投入影片的世界中。通过巧妙的镜头切换和组合，剪辑师可以引导观众的视线和注意力，让他们的心情跟随故事的发展而起伏跌宕。同时，通过运用各种视觉元素（如色彩、光影、构图等），剪辑师还能营造出更加真实、生动且富有感染力的画面效果，使观众仿佛置身于影片之中，与角色同呼吸、共命运。

（4）镜头剪辑原则

剪辑的基本原则是确保剪辑内容在视觉上、逻辑上和情感上都具有高度的连贯性和一致性，同时服务于整体叙事。这些原则包括：

①连贯性。保持时间和空间的连续性，确保动作的流畅性。剪辑时应避免突兀地跳跃，使观众能够自然地跟随故事的发展。

②逻辑性。相邻镜头之间应具有合理的逻辑关系，如连续、对比、平行等，以引导观众理解故事脉络。

③节奏感。通过控制镜头的切换速度、时长等调节叙事节奏，营造适当的氛围和情绪。

④服务于整体叙事。剪辑的最终目的是更好地讲述故事，传达情感和信息，因此所有剪辑决策都应围绕这一核心目标进行。

（5）镜头剪辑手法

①交叉剪辑。在两个或多个场景中快速切换，常用于展现同时发生的事件或对比不同角色的行动。

效果分析：能够增加紧张感和悬念，使观众更加关注故事的发展。例如，在电影中的追逐戏中，通过交叉剪辑展示不同角色的视角和行动，可以营造出紧张刺激的氛围。

②匹配剪辑。连接两个动作一致或构图一致的镜头，以实现场景的自然过渡。

效果分析：匹配剪辑能够保持视觉上的连续性，使观众不易察觉剪辑点的存在。它常用于场景切换，如角色从一个地点移动到另一个地点时，通过匹配剪辑可以使过渡更加顺畅。

③跳切。对同一镜头进行剪接，但画面内容发生变化。常用于表现时间流逝或强调某种情感。

效果分析：跳切能够产生独特的视觉效果，增强镜头的表现力。例如，在拍摄一朵花从绽放到凋谢的过程时，通过跳切可以加快时间流逝的展示，使观众感受到生命的短暂和无常。

实践案例：镜头运用

在现实的后期剪辑、制作环境中，有时会出现素材为固定镜头，但是实际需要一个运动镜头的情况。在一定的范围内，可以通过后期技术将素材的固定镜头转换为运动镜头，从而丰富视频的画面整体效果与镜头的衔接。

▶ 微课 ◀
运动镜头案例制作

步骤1：将第一段素材放入时间轴面板中，为该固定镜头素材制作一个推镜头的效果。

步骤2：将时间指示器移动至0秒5帧处，在效果控件面板中激活“缩放”前的秒表，打上关键帧。

步骤3：在15秒0帧处，同样在“缩放”效果后打上关键帧，并调整“缩放”效果的数值，从100调整至175。这个时候，浏览第一段素材，静止的画面就会有镜头从远处逐渐推进的效果。可以根据实际需要进行整体视觉效果的调整。参数与效果如图4-39所示。

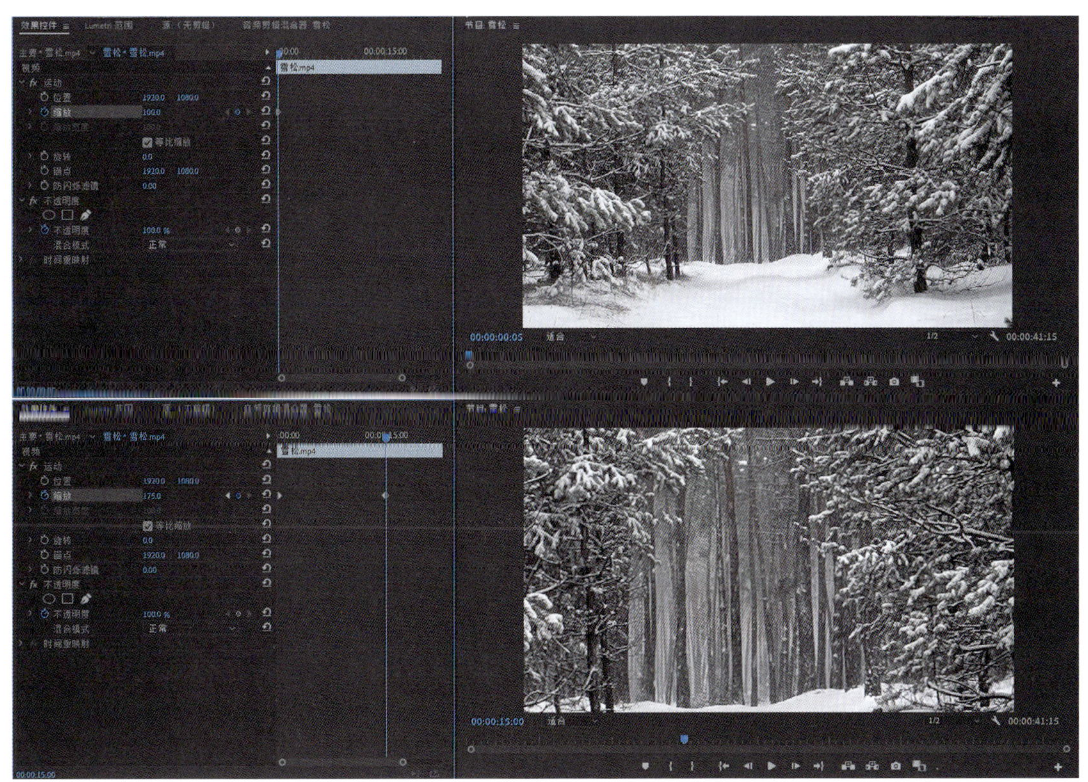

图4-39 推镜头参数与效果

步骤4：添加过渡效果。在第一段视频15秒1帧处，激活效果控件面板中的“不透明度”效果，此时数值为100。将时间指示器移动至19秒23帧处，将“不透明度”数值调整为0。

步骤5：将第二段视频素材放入时间轴面板，先为该素材添加过渡效果。将时间指示器移动至20秒0帧处，激活效果控件面板中的“不透明度”效果前的秒表，并将数值调整为0；将时间指示器移动至20秒10帧处，将“不透明度”数值调整为100。

步骤6：为第二段视频素材制作升镜头效果，使画面从雪松下方移动到上方。将时间指示器移动至20秒11帧处，激活效果控件面板中的“位置”效果；将时间指示器移动至28秒23帧处，将“位置”效果中的Y轴数值调整为1600。可以参考图4-40中的参数设置与效果。

到此，两段固定镜头的素材通过调整与效果的应用，最终显示为从一个推镜头过渡到一个升降镜头的画面，使整个视频的视觉效果得到了丰富。通过举一反三，可以尝试制作更多不同效果的镜头，再结合镜头语言，使剪辑效果更加优秀。

图4-40　升镜头参数与效果

2.颜色平衡与更改为颜色

Premiere中包含非常丰富的对素材颜色进行调整的命令、功能及效果，利用这些应用可以快速对素材的颜色进行调整、重塑，以提升整体视觉效果，丰富视频的表现。“颜色平衡”与“更改为颜色”效

果，位于效果面板下“视频效果”文件中的“颜色校正”文件（图4-41），使用这两个效果可以快速为素材更改颜色。

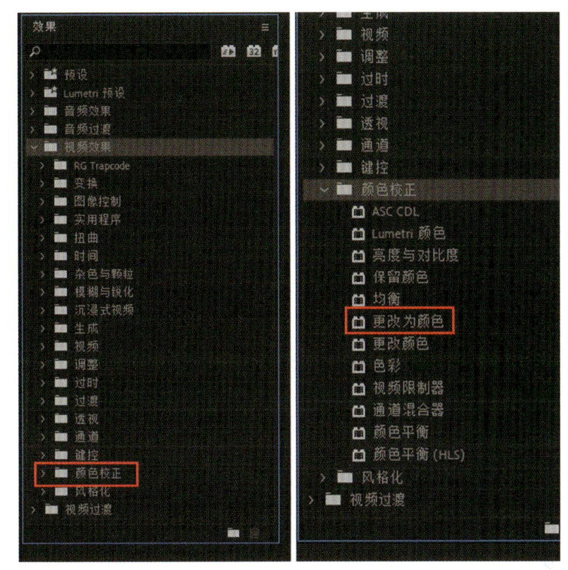

图4-41　效果所在位置

（1）颜色平衡（HLS）

颜色平衡（HLS）是一种常用的颜色校正工具，通过调整色相（hue）、亮度（luminance）和饱和度（saturation）三个参数来改变视频素材的颜色。

色相（hue）**：**指颜色的基本属性，如红色、绿色、蓝色等。通过调整色相，可以改变素材中颜色的种类，效果如图4-42所示。

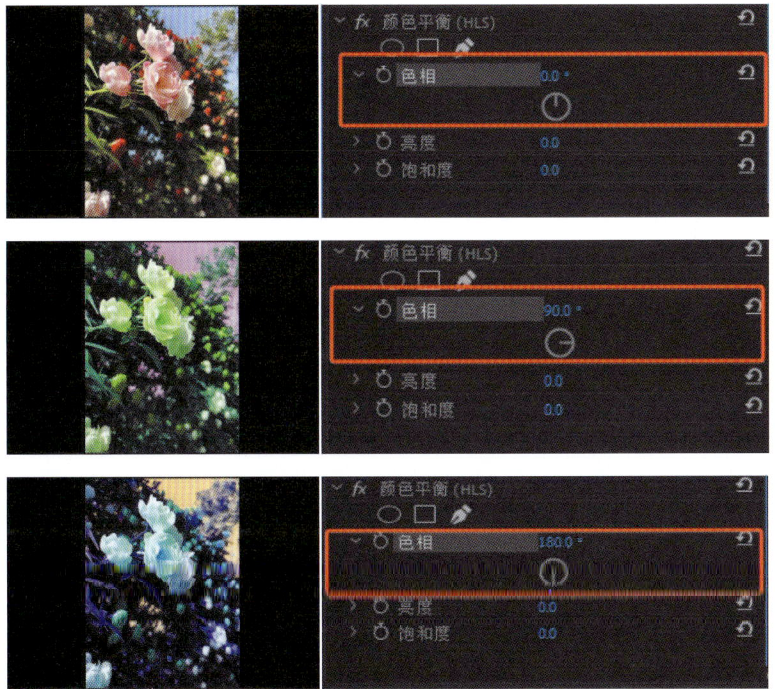

图4-42　不同色相数值下素材的颜色效果

亮度（luminance）**：**也称为明度，指颜色的明暗程度。调整亮度可以改变素材的整体明暗效果，但不会影响颜色的种类，效果如图4-43所示。

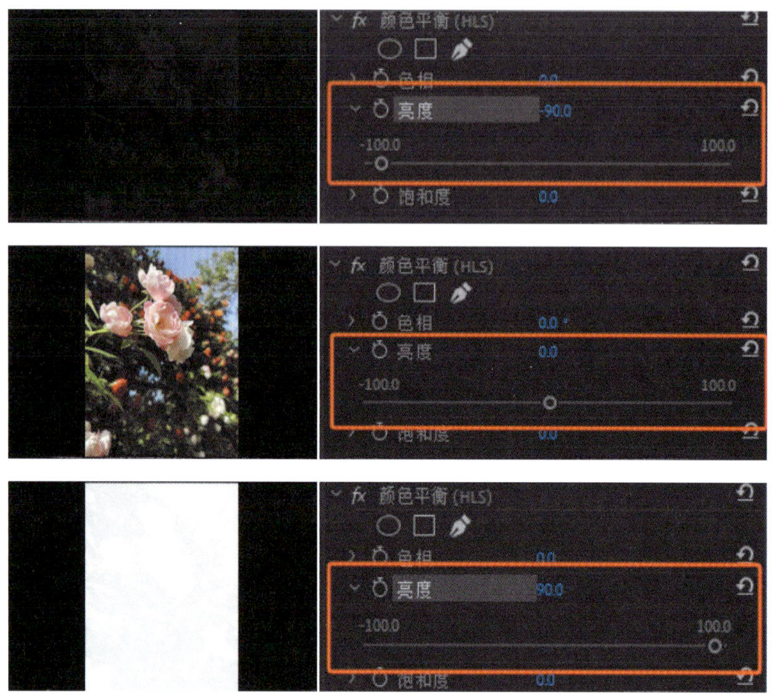

图4-43　三种亮度数值效果

饱和度（saturation）：指颜色的鲜艳程度。增加饱和度会使颜色更加鲜艳，减少饱和度则会使颜色变得灰暗，效果如图4-44所示。

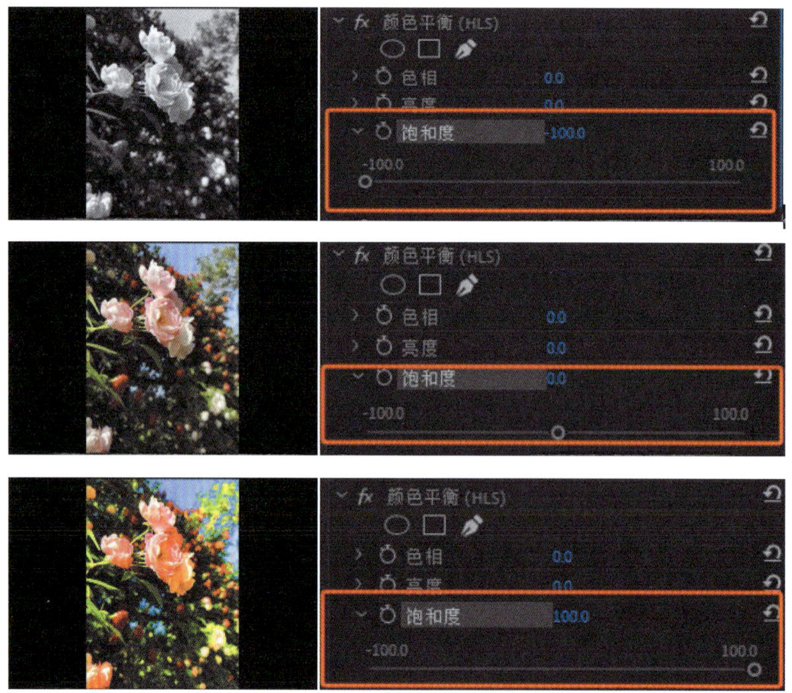

图4-44　三种饱和度数值效果

（2）更改为颜色

“更改为颜色”是一种视频颜色校正工具，可以将视频中的特定颜色更改为另一种颜色。这个功能在颜色校正和创意调色中非常有用，可以快速地改变视频中的颜色主题或强调某些颜色元素。

实践案例：更改视频颜色

步骤1：将素材“黄色蔷薇”（图4-45）放入时间轴面板中，点击效果面板→“视频效果”文件→“颜色校正”，找到“更改为颜色”效果，并将其拖拽至时间轴面板的“黄色蔷薇”素材上。

图4-45　素材“黄色蔷薇”

步骤2：调整效果控件面板下“更改为颜色”的数值，为黄色的花朵更改颜色。选取面板下的“自”后的吸管工具，吸取黄色花朵的颜色，再选取“至”后的吸管工具，吸取素材中红色花朵的颜色（图4-46）。

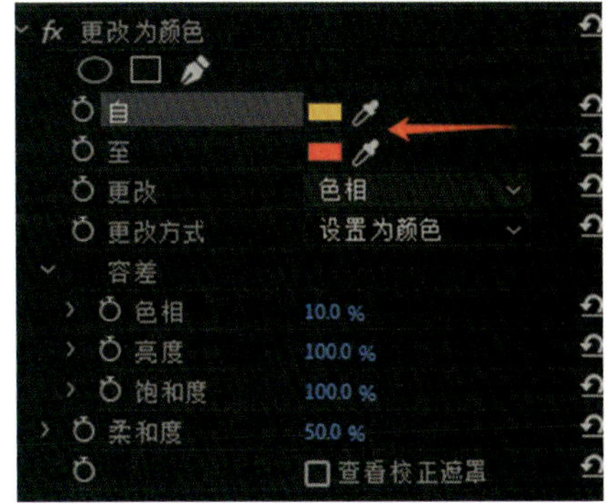

图4-46　面板参数

步骤3：黄色花朵的颜色得到了更改，同时，可以调整面板中的“容差”与“柔和度”，使更改过的颜色更加和谐。

任务二　环保题材公益广告片制作

1. 任务描述

公益广告片在提升公众意识、倡导正向价值观、促进社会行动、塑造公共形象、跨文化传播以及弥补市场广告不足等方面发挥着重要作用。保护环境主题的公益广告片通过情感共鸣、知识普及、行为倡导、正面激励和创意表达等多种方式，向公众传递环保理念，激发公众的环保意识和责任感，促进全社会共同关注和参与环境保护事业。

2. 任务实施

步骤1：将第一段素材“太空地球”放入时间轴面板，选中素材，点击鼠标右键取消链接，将素材原始音频删除；调整素材的“时间重映射：速度”，使素材长度为5秒0帧。在“太空地球”素材0秒0帧处，激活效果控件面板上的“缩放”效果，将“缩放”数值调整为100；将时间指示器移动至4秒23帧处，更改“缩放”数值为150。浏览素材，素材产生了推镜头的效果。

步骤2：将第二段素材“山涧”放入时间轴面板，使其与第一段素材相接，在两段素材中间添加“交叉溶解”的过渡效果。在效果面板中，直接搜索“交叉溶解”，并将该效果拖拽至两段素材中间相接的位置即可，如图4-47所示。

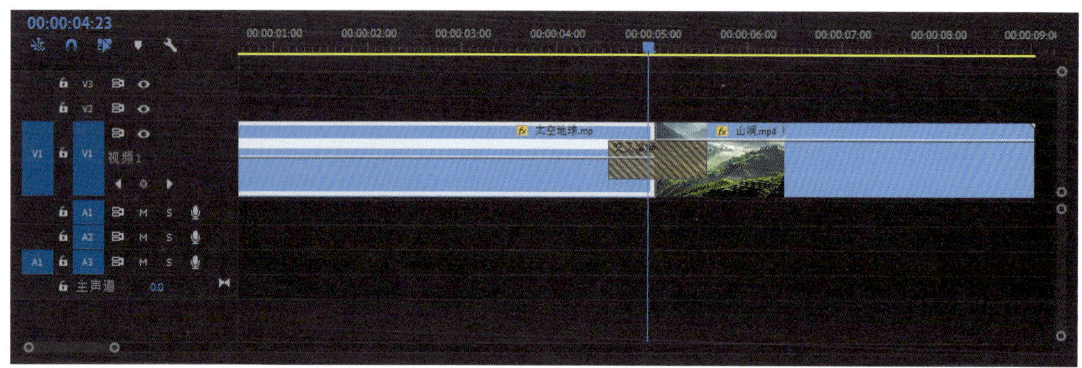

图4-47　**添加“交叉溶解”效果**

步骤3：将第三段素材“白色花朵”放入时间轴面板。该素材为固定镜头拍摄的花朵，在此需要添加运动镜头的效果，从而丰富画面的视觉效果。首先，将“白色花朵”素材的缩放值调整为400，使整个画面大于预设画面；其次，移动画面内容，使画面右上角的白色花朵位于预设画面中，效果如图4-48所示；最后，在9秒1帧位置处，激活“位置”效果，并在14秒0帧处，将位置数值更改为“3348，2154”，此时画面中间为一簇白色花朵（图4-49）。

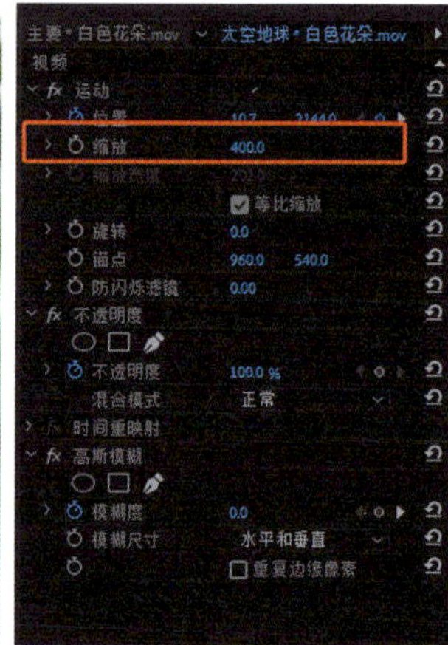

图4-48　**画面效果（1）**

图4-49 画面效果（2）

步骤4：为素材“白色花朵”添加过渡效果。在效果面板搜索“高斯模糊”效果，将其添加到素材上；在14秒0帧处，激活效果控件面板中“高斯模糊”效果的“模糊度”，数值为0；将时间指示器移动至15秒1帧处，将“模糊度”数值调整为500。

步骤5：将素材“工业废气”放入时间轴面板，调整画面大小，设置缩放值为400，并使画面底部与预设画面底部重合，如图4-50所示。在15秒2帧处，激活效果控件面板的“位置”，保持原始数值不动；在18秒20帧处，将“位置”数值调整为“11927.7，2161”。此时视频效果为升镜头。

图4-50 缩放画面位置示意

步骤6：将素材“晚高峰”放入时间轴面板，调整素材的“时间重映射：速度”，使素材到24秒0帧处结束。

步骤7：在时间轴面板中放入素材“地球全景”，裁剪素材，使素材时长从24秒1帧开始到27秒0帧结束；调整素材大小，设置素材缩放值为150，使画面主体物地球以合适的大小居于画面中心位置，如图4-51所示。

图4-51　画面效果（3）

步骤8：在效果面板中，搜索“颜色平衡（HLS）”，将该效果添加至素材“地球全景”上。在24秒10帧处，激活效果控件面板中“颜色平衡（HLS）”下的“饱和度”，数值为0；在26秒20帧处，将“饱和度”数值调整为-50，调整前后效果对比如图4-52所示。

图4-52　效果对比（1）

步骤9：将素材“森林”与素材“枯树”一同放入时间轴面板中。在28秒0帧处，从效果面板搜索“更改为颜色”，并将其添加至素材“秋景”上，激活“自”和“至”两个属性；在29秒15帧处，选取“自”后的吸管工具，吸取画面中的绿色，再选取“至”后的吸管工具，吸取土地的褐色，效果如图4-53所示。在效果面板，选择“视频过渡”→“溶解”→“非叠加溶解”，将该效果添加至“森林”与“枯树”两段素材中间，作为镜头过渡效果。

图4-53　效果对比（2）

步骤10：选择时间轴面板中的“地球全景”片段，按住键盘上的Alt键，将该片段拖动至“枯树”素材后，完成对“地球全景”片段的复制。调整该片段上的“饱和度”数值，在33秒6帧处，将数值设置为－50；在35秒0帧处，将数值设置为－100。此刻“地球”完全变成黑白色。在素材片段最后位置，添加“黑场过渡”。

步骤11：将选择好的音乐添加至时间轴面板上的声音轨道上，丰富广告的表现，通过音乐烘托整个广告的氛围与情绪。在最后，使用文字工具输入已经设计好的宣传标语，完成广告的剪辑与制作。

3. 任务评价标准

环保题材公益广告片后期制作应达到以下效果。

①视觉冲击力：通过精细的剪辑、鲜明的调色和创意的特效处理，使广告片画面生动且富有震撼力，能够立即吸引观众的眼球，让他们在众多信息中优先注意到这则环保公益广告。

②叙事清晰：确保广告内容条理清晰，简明扼要地传达环保的重要性、紧迫性，让观众在短时间内快速理解广告的核心信息，即环保的紧迫性和个人行动的力量，并呼吁观众采取具体行动。

③情感共鸣：通过精选的背景音乐、触动人心的画面剪辑和富有感染力的特效，触动观众的内心，激发他们对环境保护的共鸣和责任感。这样的情感连接能够加深观众对广告的记忆，促进环保理念的传播。

④技术精湛：在后期制作中，展现高超的技术水平，如精通转场与过渡技巧，灵活调控视频节奏，并熟练进行视频色彩的调整与修改，使广告在视觉表现上更加精致和专业。这不仅能提升广告的艺术价值，也能增强观众对广告内容的信任度和认同感。

4. 知识点总结

①镜头语言：镜头语言是在电影、广告等视觉媒介中通过镜头的选择、构图、运动、剪辑等方式来传达情感、叙述故事、营造氛围的一种特殊语言。它超越了单纯的图像记录，成为一种富有表现力和叙事能力的艺术手段。除了在拍摄中需要灵活运用镜头语言外，在后期剪辑过程中也可根据实际剪辑需求，在一定范围内通过不同的效果与命令制作运动镜头，以丰富镜头语言的表达。

②颜色平衡与更改为颜色：两者都是视频颜色校正工具，可以通过调整不同参数值，快速替换视频素材的颜色。

5. 拓展性训练

（1）案例分析报告（知识拓展）

1）训练目标

①培养深入分析公益广告案例的能力，理解其背后的创意策略、视觉表现、情感传达及社会影响。

②提升批判性思维和问题解决能力，通过案例分析发现公益广告制作的优点与不足，并提出改进建议。

③增强社会责任感，激发对公益事业的关注与参与热情。

2）作业要求

选择一则具有代表性的公益广告案例，可以是环保、教育、健康、扶贫等任一主题。分析广告的创意点及其如何吸引观众注意并传达核心信息；探讨镜头语言、色彩运用、画面构图等方面的特点及其对情感传达的作用；分析广告如何激发观众的情感共鸣，以及这种共鸣如何促进信息的接受与传播。

3）评价标准

①分析深度：分析是否全面、深入，是否涵盖了创意、视觉、情感、社会影响等多个维度。

②创意点评：分析角度是否新颖，能否提出独到的见解或建议。

③逻辑性与条理性：报告结构是否清晰，论述是否条理分明，论据是否充分。

（2）创意短片制作（技能提升）

1）训练目标

①锻炼创意策划与执行能力，将公益理念转化为具体的视觉故事。

②提升团队协作与项目管理能力，在有限的时间内完成短片从构思到成片的全部流程。

③培养社会责任感与审美能力，通过短片传递正能量，引导公众关注并参与公益事业。

2）作业要求

①主题确定：围绕环保、教育、健康、扶贫等公益主题，确定短片的核心信息与传达目标。

②创意策划：制定详细的创意方案，包括故事情节、角色设定、场景安排、镜头语言等。

③拍摄与制作：组织团队进行拍摄，运用所学技能进行后期制作，包括剪辑、调色、特效、配乐等。

④成果展示：完成短片并准备一份简短的展示说明，介绍短片的创作背景、目的、过程及亮点。

3）评价标准

①创意性：短片创意是否新颖独特，能否有效传达公益理念并吸引观众注意。

②视觉表现：画面构图、色彩运用、镜头语言等是否专业且富有表现力。

③情感共鸣：短片是否成功激发了观众的情感共鸣，增强了信息的接受度与传播力。

④技术质量：后期制作是否精细，音效、配乐、字幕等是否恰到好处。

⑤团队协作：团队成员间的分工合作是否顺畅，项目管理是否高效有序。

⑥社会影响：短片是否具有一定的社会意义和价值，能否引发公众对公益事业的关注与思考。

学习评价

请根据自己的学习情况完成下表，并按掌握程度填涂☆。

学习评价表

知识与技能点	我的理解（填写关键词）	掌握程度
画面定格效果		☆☆☆
蒙版与转场		☆☆☆
遮罩与效果		☆☆☆
镜头语言		☆☆☆
颜色平衡与更改为颜色		☆☆☆
收获与心得		

模块五

微短片剪辑

岗位要求

① 具备剧本分析解读能力，能快速抓住核心冲突与情感爆发点。

② 熟练掌握微短片剪辑软件与技术。

③ 深入理解微短片的叙事结构、叙事特点与艺术风格，能通过剪辑有效提升作品表现力。

学习目标

1. 知识目标

① 通过通读微短片剧本，掌握微短片剧情脉络，剖析微短片的叙事密度与情感锚点。

② 通过学习微短片剪辑技巧，达到能够独立操作并运用各类功能进行影视后期剪辑的水平，明确创作规范，掌握多平台适配技巧。

③ 通过研究微短片的叙事模型，熟练掌握微短片叙事剪辑策略。

2. 能力目标

① 通过对剪辑技巧的学习与实践，掌握动作情节、对话情节等剧情叙事的运用技巧。

② 通过实战训练，掌握微短片节奏设计，提升运用剪辑技巧增强剧情表现力和感染力的能力。

③ 通过对不同类型影视作品的观摩与分析，掌握根据作品特点、平台特性进行差异化剪辑的能力。

3. 素质目标

① 通过剪辑技巧的综合学习，建立微短片审美体系，能够独立完成微短片剪辑任务。

② 通过参与微短片剪辑项目，培养创意执行能力、团队协作能力、沟通交流能力，以及勇于承担责任、应对突发问题的能力。

③ 通过学习微短剧剪辑，能够树立正确的世界观、人生观和价值观，理解并尊重多元文化，具备高度的社会责任感和职业道德。在剪辑过程中，能够遵循法律法规，尊重原创，不抄袭、不侵权，维护良好的行业风气。

学习重点

掌握剪辑技巧、创意构思与高效制作流程。

学习难点

充分理解微短片的叙事结构和艺术风格，精选与处理素材，把握剪辑节奏与创意构思。

知识一 微短片剪辑概述

1. 微短片剪辑的定义

微短片剪辑是针对微电影、短剧这类时长较短的影视作品的后期创作。该过程通过镜头筛选与时空重组、节奏韵律调控、视听元素整合三大维度，把原始素材变成一部故事完整、主题明确、风格独特的视频作品。它是用视听语言传递情感、塑造角色、营造氛围的创造性工作，核心诉求在于在有限时长内达成叙事效率与美学价值的双重目标。

2. 微短片剪辑的作用

①把控节奏、讲好故事：微短片时间有限，剪辑能巧妙安排情节、控制节奏，在短时间内完成故事起伏，快速抓住观众的眼球。像热门短剧，靠紧凑剪辑快速推进冲突，让观众在几分钟内就能感受到剧情的精彩。

②突出主题、传递情感：借助镜头组接、特写等剪辑手法，能突出主题，增强情感共鸣。比如微电影用特定剪辑展现主角情感变化，让观众更理解角色内心。

③塑造独特艺术风格：不同剪辑手法，像跳切、蒙太奇，能营造不同视觉效果和氛围，让微短片风格独特，更具吸引力。

3. 微短片剪辑流程概览

①整理筛素材：把拍摄素材按场次、内容分类，挑选出符合主题、叙事的镜头，去掉废弃镜头。

②粗剪搭框架：按故事大纲和分镜头脚本，把选好的素材初步拼接，确定场景顺序和镜头时长，搭好故事基本框架。

③精剪抠细节：精细调整剪辑点，让镜头过渡自然，优化节奏和情感表达，统一画面色调、光影。

④音乐造氛围：根据情节和氛围挑选音效、配乐。用音效增加真实感，用配乐烘托气氛，再和画面精准匹配，调好音量和出现时机。

⑤包装展创意：按创意需求添加画面、字幕等特效，和原始画面合成，保证特效自然、风格统一。

⑥审核导成片：全面检查画面、声音、叙事，修改完善后，按交付格式和分辨率输出成品。

知识二 网络微短剧剪辑简介

1. 网络微短剧的定义与特点

在当今碎片化阅读的时代背景下，短剧产业生态逐步构建成型。2020年8月，国家广播电视总局在“重点网络影视剧信息备案系统”中增设了“网络微短剧快速登记备案模块”，正式将网络微短剧纳入影视作品分类之中。2023年，微短剧迅速崭露头角，成为各平台的“热门之选”。迄今为止，微短剧依旧在内容产业中处于领跑地位。“微短剧出海”“微短剧令人上瘾”“微短剧充值现象”“微短剧文旅融合”等话题，不但成为学界与业界的热点议题，同时也成为主流媒体以及政策治理所关注的焦点。

（1）短剧的定义

网络微短剧是基于互联网传播逻辑构建的新型影视形态，根据国家广播电视总局《网络短视频内容审核标准细则》规范，特指采用专业影视工业化生产流程制作，具有连续剧情结构、完整人物设定及戏剧冲突设计的系列化网络视听产品。其核心形态特征通常表现为单集时长2～10分钟，全剧一般不少于12集，通过跨平台矩阵式传播实现内容价值转化。

（2）短剧的特点

网络微短剧每集时长较短，但内容紧凑、情节跌宕起伏，能给观众带来轻松愉悦的观剧体验。其呈现出浓缩化剧情、社交化互动、垂直化运营的传播特征，以短小精悍、观赏便捷、剧情跌宕的碎片化接受模式为特点，具体如下。

①轻量化叙事：由于单集时长限制，微短剧的情节必须高度浓缩，在短时间内抓住观众的眼球，传递完整的故事线索。因此，故事往往开门见山，快速进入主题，单集一般出现3～5个戏剧转折点。剧情发展节奏明快，常常以出人意料的转折和高潮吸引观众。

②广泛化题材：网络微短剧细分领域深度开发，形成职场、家庭、推理、甜宠、逆袭等20余类赛道，部分微短剧在创作中结合当下热点话题和社会现象，具有较强的时代感和现实意义。

③多元化传播：网络微短剧凭借其制作周期短、成本低的特点，成为IP孵化与多元化传播的新蓝海。其单部制作周期平均仅需12.7天，主要通过网络视频平台、短视频平台等新媒体渠道进行传播。这些平台用户群体庞大、传播力强，能够迅速扩大微短剧的影响力。此外，社交媒体的分享和传播也为微短剧的扩散提供了有力支持。这种多元化的传播方式不仅加速了IP的孵化过程，还为微短剧的商业价值开发提供了更多可能。

2. 网络微短剧的精品化与可持续发展

作为一种新兴的互联网视听形态，微短剧无论是形式还是内容都具备不断延伸与拓展的空间。微短剧因具有成本控制优势和灵活的内容呈现方式而迅速崛起，成为短视频形式与长视频内容融合的创新产物。短剧的优势显而易见，它能够以极快的速度对市场趋势做出回应，充分满足观众对于轻量化叙事的迫切需求，并且通过简洁明快的表现形式高效地为受众提供情绪价值。然而，微短剧也存在一定的劣势，除了因时长受限而导致的内容压缩问题，在工业制作模式化的环境下，在创新叙事手法、加强人物塑造，建构审美价值方面也需要有所突破。

为推动短剧的精品化、可持续发展，一方面，应在保持成本控制和灵活形式的基础上，不断探索创新的叙事手法，以适应不同题材的需求，尽可能在有限的时长内实现剧情的丰富性和人物的立体感。例如，可以采用多线叙事、倒叙插叙等手法，增加故事的层次感。另一方面，应积极拓展合作渠道，与品牌方、旅游景区等进行深度合作，实现多元化的盈利模式，进一步提升制作水平和质量。

3. 认识微短剧剧本

正式学习微短剧剪辑的第一步——学会研读剧本。深入研读剧本能帮助剪辑师构建整体认知框架，从宏观角度把握作品，明确剪辑的方向和重点，提前规划素材的运用，为后续的剪辑工作奠定坚实的基础。

（1）微短剧剧本格式

一个完整的微短剧剧本包含角色、场景、对话、动作描述等要素。它通过明确的角色设定、有逻辑关系的镜头展现人物性格与关系，借助具体的场景展现故事背景，营造情节氛围。剧本的情节应紧凑且有逻辑性，能够吸引观众的注意力并引发情感共鸣。其最终效果是在有限的时间容量内讲述一个完整且有意义的故事，给观众带来娱乐、启发或情感上的触动。

①剧情简介。

快速简洁地传达故事的核心创意。

②人物小传。

主人公A：姓名、身份、大体形象、性格特点、人物背景、人物发展变化。

主人公B：姓名、身份、大体形象、性格特点、人物背景、人物发展变化。

配角A：姓名、身份、大体形象、性格特点、人物背景、人物发展变化。

配角B：姓名、身份、大体形象、性格特点、人物背景、人物发展变化。

……

③分集大纲。

短剧分集大纲格式示例如下。

标题：每集标题应简洁有力，能概括本集的核心内容。

主要情节：用1～2句话概括本集的主线剧情（核心事件或冲突）。

关键场景：列出3～5个重要场景，每个场景用一句话概括，厘清剧情脉络。

④剧本正文。

例：第一集

场次：第几集的第几个场景。

例：1-1代表第一集的第一个场景，2-3代表第二集的第三个场景。

场景：具体场景+日（白天）/夜（黑夜）+外（外景）/内（内景）

例：酒店门口 日 外

人物：该场景中出现的人物。

例：陈父 小陈

Δ：不涉及对话的动作、神态。

例：Δ陈父四处张望，眼神急切。突然他眼睛一亮，身体瞬间挺直，大步流星地走向小陈。小陈先是一愣，随后脸上绽放出惊喜的笑容，眼睛里闪着泪光，用力朝陈父挥了挥手。

角色OS：角色内心独白。

VO：画外音。

闪回开始、闪回结束：用于回忆。

（2）通读短剧剧本

剧本中的情节发展和转折是剪辑师进行剪辑的重要依据，在读剧本的时候要做好标注工作，了解故事的起承转合，理解人物之间的情感、冲突和互动，从而在剪辑中通过镜头语言来准确传达这些关系，使人物形象更加丰满、立体，剧情更加跌宕起伏、引人入胜。

①读剧本大纲：短剧情节奏较快，通读大纲便于剪辑师了解故事整体内容，确定剪辑风格。

②阅览素材：判断短剧的调性，分析素材和剧本的适配度。

③塑造剪辑思路：从故事线出发，合理安排镜头的顺序和时长，将重点放在角色的塑造、冲突的处理以及节奏的把控上，避免过于拖沓或急促，使故事流畅自然。

④优化剧情逻辑：在加工素材时要不断进行剪辑试验和调整，避免出现逻辑漏洞或情节不连贯的情况。在初步剪辑完成后，进行反复观看和分析，找出不足之处，根据反馈意见和自己的判断，对剪辑进行调整和优化，直到达到满意的效果。

4. 微短剧剪辑技巧

（1）开端：高潮段落前置

为了在短时间内吸引受众，往往开端即高潮，把最吸引人的部分前置，开头就交代主要人物和矛盾。高潮尾声也干脆利落，以营造悬念和吸引力，适应受众注意力易分散和短视频碎片化传播的特点。

（2）悬念：戏剧性冲突

冲突点：冲突多来自反转，常用形象身份反转、性别反串等手段制造戏剧性冲突，比如通过塑造主角前后身份和外在形象的反差来吸引观众。

悬念制造：通过打破观众的视觉与心理逻辑，适度打破合理性，以制造悬念，如隐瞒或展露部分信息，引起观众的好奇。

（3）结构：串联情节逻辑

连续式剪辑：在短剧中多与其他剪辑方式交叉使用，因为单独使用易有拖沓之感，且要求故事叙述精练，冲突集中爆发。

平行式剪辑：可通过不同时空情节线的分头叙述，展现同一主题，在短剧中能加快叙事节奏、形成对比。

交叉式剪辑：提升叙事速度和节奏，在结尾汇聚时渲染紧张气氛，在短剧中也可用于塑造紧张感。

颠倒式剪辑：打乱结构，先展示结局或当前状态再展开过程，有助于设置悬念。

重复式剪辑：重复情节中的视听画面以达到强调等艺术效果，从而深化主题。

积累式剪辑：将性质相同或相近镜头相组接，从而强化视觉印象、渲染气氛。

叫板式剪辑：承上启下、节奏明快，有类似“惜墨如金”的特点。

（4）节奏：情绪镜头组接

节奏的塑造主要通过双重维度实现：在纵向时间轴上，需精准控制单镜头持续时长与镜头间衔接密度；在横向叙事维度上，则强调通过视觉元素的有机组合达成情感共鸣。理想的节奏呈现应具备叙事推进与情感共振的协同效应，在有限时间内进行情绪表达。

为实现高效的情绪渲染，可采用以下剪辑技法：

①对比式剪辑：通过视觉元素（光影/色彩/构图）的强烈反差制造戏剧张力；

②隐喻式剪辑：运用符号化意象建立深层情感联结；

③心理式剪辑：基于观众认知规律设计镜头流动节奏；

④抒情式剪辑：利用空镜头与诗意化镜头延伸情感余韵。

5. 拓展性训练

（1）短剧案例分析报告（知识拓展）

1）训练目标

提升对微短剧剪辑的鉴赏能力和批判性思维，深化对微短剧剪辑知识的理解与应用。

2）作业要求

选取具有代表性的微短剧案例，深入分析其剪辑的特色与技巧，如场景切换的方式、情节节奏的把控、对话剪辑的处理等。撰写详细的分析报告，内容包括短剧剧情概述、主题表达、剪辑技术解析、创意点评以及个人从中获得的启示。

3）评价标准

①分析深度：对微短剧案例的剪辑分析是否全面、深入，能否准确阐释各种剪辑手法的作用和效果。

②创意点评：对微短剧创意与剪辑手法结合的评价是否独到、有见地，能否提出创新性的观点。

③个人启示：从案例分析中获得的启示是否具体，是否对自身学习有实际促进作用。

（2）短剧创作剪辑（技能提升）

1）训练目标

巩固对微短剧剪辑技术的掌握，培养创意构思、团队协作和项目管理能力。

2）作业要求

以小组为单位，确定短剧主题并进行创作。短剧时长控制在一定范围内（如10~15分钟）。在剪辑过程中，要运用至少三种不同的特效转场，以及合理运用音频剪辑来增强氛围。小组需要提交最终的短剧视频和创作报告。报告中应包含短剧剧本、剪辑思路阐述、遇到的问题及解决方案等内容。

3）评价标准

①创意性：微短剧的剧情设计、主题表达是否新颖独特、具有吸引力。

②技术实现：特效转场和音频剪辑的运用是否恰当、效果显著，整体剪辑质量是否高。

③团队协作：小组成员之间的分工合作是否协调顺畅，沟通是否高效。

④报告质量：创作报告的内容是否完整、条理清晰，对剪辑过程的分析是否深入。

知识三 微电影剪辑简介

1. 微电影的定义与特点

微电影即微型电影，是指具有完整策划和系统制作体系支持，具有完整故事情节，适合在各种新媒体平台上播放的“微时长、微制作、微平台”的视频短片。

一般来说，微电影的时长通常在几分钟到几十分钟之间，制作成本相对较低，制作周期较短。它可以单独成篇，也可系列成剧，内容题材丰富多样，涵盖爱情、喜剧、悬疑、科幻、公益等各个领域，其以短小精悍、故事性强、传播便捷等特点，在互联网和移动新媒体平台上广泛传播，深受观众喜爱。

2. 微电影与传统电影的区别

微电影与传统电影的区别主要体现在以下几个方面。

（1）制作规模

①投资成本。传统电影通常需要巨额投资，从几千万到数亿元不等，涉及场景搭建、

明星片酬、特效制作等多方面的高成本投入。例如，一部好莱坞大片的制作成本可能高达数亿美元。而微电影的投资相对较少，一般在几千元到几十万元之间。由于制作团队规模小，拍摄周期短，场景相对简单，因此成本得以控制。

②制作团队。传统电影通常拥有庞大的专业制作团队，包括导演、编剧、摄影师、演员、美术指导、剪辑师、特效团队等，分工明确且专业化程度高。例如，一部大型电影的制作团队可能有几百人甚至上千人。相较于传统电影，微电影制作团队规模较小，可能由几个专业人员或爱好者组成，一人可能身兼多职，比如导演可能同时负责编剧和部分后期制作工作。

（2）时长与叙事方式

①时长。传统电影一般时长在90分钟以上，甚至可以长达两三个小时，有足够的时间来展开复杂的故事情节，塑造丰富的人物形象。微电影时长较短，通常在几分钟到几十分钟之间，需要在有限的时间内快速吸引观众的注意力并传达核心故事。

②叙事方式。传统电影可以采用较为复杂的叙事结构，如多线叙事、倒叙、插叙等，有足够的时间和篇幅来铺垫情节，展现人物内心世界和情感变化。微电影的叙事更加简洁明快，往往采用单线叙事，注重情节的紧凑性和戏剧性，以快速抓住观众的兴趣点，通常在开头就设置悬念或冲突，引导观众一直看下去。

（3）艺术表现与商业价值

①艺术表现。传统电影在艺术表现上更加注重专业性和深度，追求高质量的画面、音效、表演等，常运用各种先进的拍摄技术和特效手段，创造出宏大的场景和震撼的视觉效果。微电影的艺术表现形式更加灵活多样，注重创意和个性化表达。由于受到制作成本的限制，可能更多地依靠独特的故事、新颖的视角、巧妙的拍摄手法和后期制作来吸引观众。

②商业价值。传统电影的商业价值主要通过票房收入、版权销售、周边产品开发等方式实现。一部成功的传统电影可以带来巨大的商业利润。微电影的商业价值主要体现在品牌植入、广告合作、网络点击量等方面。虽然单个微电影的商业价值相对较小，但由于其制作成本低、数量多，因此可以通过积累形成一定的商业影响力。

3. 从剧本看微电影剪辑手法

在新媒体环境下，微电影作为一种独特的影视艺术形式，其剪辑手法与剧本内容紧密相连。微电影的剧本为剪辑提供了基本的框架和素材，而剪辑则是对剧本内容的二次创作，通过对镜头的选择、组合和对节奏的把握，将剧本中的情节、人物关系和主题思想以视觉化的方式呈现给观众。

（1）基于剧本结构的剪辑顺序

①线性编辑与剧本的起承转合。微电影剧本通常具有一定的叙事结构，常见的如起承转合。线性编辑手法与这种结构相契合，按照剧本中事件发展的先后顺序进行镜头组接。

例如，在一部以青年成长为主题的微电影剧本中，故事从主角在小镇的平凡生活开始（起），而后他经历了外出求学的挫折与成长（承），遭遇家庭变故后的迷茫与挣扎（转），最后实现自我价值并回归小镇回馈社会（合）。剪辑师在处理这样的剧本时，会依据线性编辑的原则，依次展现各个阶段的情节，让观众能够清晰地理解故事的发展脉络。这种剪辑手法有助于保持故事的连贯性和逻辑性，使观众在观看过程中产生一种自然流畅的观看体验。

②非线性编辑对剧本叙事的重构。在新媒体环境下，为了吸引观众的注意力并创造独特的视觉效果，许多微电影也会采用非线性编辑手法。这种剪辑手法打破了故事原本的时间顺序，通过对不同时间片段的重新组合来构建故事。以一个悬疑微电影剧本为例，剧本可能在开头就揭示了案件的结果，如发现一具尸体（这是故事的结局），然后通过闪回的方式，分别展示各个嫌疑人在案件发生前不同时间的行为和动机。剪辑师在处理这个剧本时，会运用非线性编辑手法，将结尾的场景与中间的闪回情节交叉剪辑，打乱剧本的线性叙事，从而营造出悬念和紧张感。观众在观看过程中会不断地在不同的时间线之间切换思维，增加了对故事的好奇心和解读的乐趣。

（2）依据剧本情节的节奏把握

①节奏加快：情节紧张处的剪辑。需要通过剪辑来强化剧本中情节紧张部分的节奏感。在微电影中，当剧本描绘到追逐、冲突或者危急时刻时，剪辑师会采用快速剪辑的手法。例如，在一部动作微电影剧本中，有一场街头追逐戏，剧本详细描述了主角被一群坏人追赶，在狭窄的街道中穿梭，不时躲避障碍物的情节。剪辑师在处理这部分情节时，会选择短镜头快速切换的方法，每个镜头可能只持续1～3秒，从不同的角度展示主角的奔跑、坏人的追赶以及周围环境的变化。这种快速剪辑增强了画面的节奏感，让观众感受到紧张的氛围，仿佛自己也置身于追逐之中。

②节奏放缓：情感细腻处的剪辑。当剧本涉及情感细腻的情节时，剪辑节奏则需要放缓。例如，在一部爱情微电影剧本中，有男女主角分别的场景，剧本通过细腻的对话和描写来展现他们之间的不舍与痛苦。剪辑师在处理这部分内容时，会采用较长的镜头，可能会持续 5～10 秒甚至更长时间，并且减少镜头的切换频率。比如，用一个长镜头完整地展现女主角默默流泪的面部表情，或者用中景镜头慢慢展示男主角紧握着女主角的手不愿松开的画面。这样的剪辑手法让观众有足够的时间去感受角色的情感，增强了情感的感染力。

（3）剧本角色塑造与剪辑重点

①特写镜头突出角色性格。在微电影剧本中，对于角色的描写包含了外貌、性格和心理活动等多个方面。剪辑师可以通过特写镜头来突出角色的性格特征。以一个描写艺术家的微电影剧本为例，剧本中描述的主角是一个充满激情和创造力但又有些神经质的画家。在剪辑时，当主角在创作过程中时，剪辑师会频繁使用特写镜头，如聚焦在他专注的眼神、颤抖的双手以及画布上色彩斑斓的笔触上。这些特写镜头能够将剧本中对角色性格的

文字描述转化为直观的视觉形象，让观众更深刻地理解角色的性格特点。

②镜头切换展现角色关系。角色之间的关系也是剧本的重要组成部分。剪辑师可以通过镜头的切换来展现角色之间的关系变化。例如，在一个关于友情破裂又修复的微电影中，当两位主角处于矛盾冲突阶段时，剪辑师会采用正反打镜头，并且在切换时增加一些硬切效果，来表现两人之间的对立和紧张气氛。而当他们开始和解时，镜头切换会变得柔和，可能会使用淡入淡出的过渡效果，并且增加一些两人共同画面的镜头，以体现他们关系的缓和与修复。这种根据剧本中角色关系变化而进行的剪辑调整，有助于观众更好地理解角色之间的情感动态。

（4）主题表达与剪辑的连贯性

①重复剪辑强化主题。微电影剧本中的主题是贯穿整个故事的核心思想。剪辑师可以通过重复剪辑的手法来强化主题。例如，在一个关于环境保护的微电影剧本中，主题是人类对自然的破坏以及对环境的救赎。在剪辑过程中，剪辑师可能会重复剪辑一些具有象征意义的画面，如被砍伐的树木、被污染的河流以及人们植树造林的场景。这些重复的画面在剪辑中不断出现，能够加深观众对主题的印象，让主题更加鲜明突出。

②连贯性剪辑服务主题表达。为了使主题表达更加清晰流畅，剪辑还需要注重连贯性。即使在采用非线性编辑手法时，也必须保证各个镜头之间、各个情节片段之间存在内在的逻辑联系，这种联系要与剧本的主题相契合。例如，在一个探讨现代社会人际关系冷漠与温暖的微电影剧本中，剪辑师会将表现人们冷漠对待彼此的场景与一些微小但充满温暖的瞬间进行有机组合。在镜头切换过程中，虽然场景和人物可能发生了变化，但通过画面的色调、音乐的搭配以及情节的内在逻辑，能够让观众感受到主题的连贯性，从而更好地理解微电影所传达的关于人际关系的思考。

从剧本看微电影剪辑手法是一个综合性的研究课题，在新媒体环境下，剪辑师需要深入理解剧本的各个要素，灵活运用各种剪辑手法，以实现微电影在艺术和传播效果上的双重目标。通过对剧本结构、情节节奏、角色塑造和主题表达等方面与剪辑手法之间关系的研究，可以为微电影的创作提供更具专业性和创新性的思路。

4. 微电影的剪辑技巧

随着数字化技术的飞速发展，微电影剪辑方法正朝着多样化、多维度的方向大步迈进。多样化体现在可供选择的剪辑软件和工具日益丰富上，多维度则表现在微电影类型的多元性上。当前，大众对信息传播质量的要求越来越高，若想让微电影在众多作品中脱颖而出，赢得大众的喜爱与关注，就必须顺应网络热点趋势，在剪辑环节积极拓宽剪辑思维的多元性，让剪辑成果精准地抓住观众眼球，在切实提高微电影品质的基础上提升其传播效能。

（1）微电影的节奏剪辑

在进行微电影剪辑时，剪辑师要依据内容的特性采用不同的画面制作手法，很多人误以为节奏感就是剪辑节奏，便利用音乐卡点调动情绪，用画面快切包装影片，从而陷入“节奏感”误区。关于影片的节奏剪辑技巧，可以从内在节奏与外在节奏两方面来分析影片的视觉效果和心理表达。

1）外在节奏

外在节奏是情节的视听呈现，剪辑时主要靠镜头运动、画面切换频次、音乐音效来展现情节的激昂或平缓。

首先，要理解镜头时间的长短表意。长镜头往往用于表现沉稳、宁静或者需要观众仔细观察的场景。比如在一部描写乡村生活的微电影中，用一个长镜头展示农民在田野里辛勤劳作的画面，能够让观众感受到乡村生活的宁静和节奏的缓慢。短镜头则更多地用于营造紧张、活泼或者快速变化的氛围。例如在动作类微电影的打斗场景中，利用短镜头的快速切换，如主角出拳、敌人闪避等镜头的快速交替，能够增加紧张感，加快影片的外在节奏。

其次，镜头切换频率直接影响影片的外在节奏。在微电影的开头部分，如果想要吸引观众的注意力，可以适当提高切换频率。例如，在一部科幻微电影的开头，通过快速切换不同的未来都市景象镜头，从高耸的摩天大楼到穿梭在空中的飞行器等镜头，营造出一种充满活力和新奇感的节奏。而在一些抒情或者需要观众沉浸其中的情节部分，则要降低切换频率。如在表达主角对逝去爱人的思念时，用较长时间的固定镜头或者缓慢切换的镜头使节奏变得舒缓。

音乐是控制微电影外在节奏的重要元素，合适的音乐能够强化影片的情感氛围和节奏。在悬疑微电影中，选择节奏紧凑、旋律紧张的音乐，如带有强烈鼓点和不和谐音符的配乐，能够增强悬疑氛围，加快影片的外在节奏。而在情感类微电影中，轻柔、舒缓的音乐则能配合情节，营造出不同调性的氛围，使节奏变得缓慢。同样，音乐的节奏应该与情节的发展相匹配，例如在情节高潮部分，音乐的节奏也应该达到高潮，如节奏加快、音量增大等。

音效在影片的节奏塑造中起到补充作用。如在动作类微电影中，采用打斗时拳脚相交的音效、武器碰撞的音效等，并将这些音效的节奏与镜头的节奏相配合。如果是快速的打斗镜头，音效的节奏也应该是短促而有力的。在一些描写环境的情节中，采用风吹树叶的沙沙声、雨滴落下的滴答声等音效，能够营造出宁静或者压抑的氛围，影响影片的外在节奏。例如，在一个描写主角孤独等待的情节中，缓慢而有规律的雨滴声会使影片的外在节奏变得更加缓慢、沉重。

2）内在节奏

在剪辑过程中，设计微电影的内在节奏需要从故事结构、人物塑造、冲突设置等多个方面入手。在叙事结构的起承转合中，“起”作为故事的开端承担着双重功能，它既是构建叙事内在节奏的核心框架起点，又必须迅速吸引观众注意力并奠定后续发展基础。“承”是故事的发展部分，需要合理安排情节的递进。情节发展不能过于拖沓，要有一定的逻辑连贯性。“转”是情节的转折点，往往是影片内在节奏的高潮点或者重大变化点。“合”是故事的结局部分，要给观众一个满意的交代。结局的节奏应该与整个故事的内在逻辑相匹配，让观众在看完后有一种节奏完整的感觉。

微电影的情节不能一直处于高度紧张或者松散的状态，需要有疏密相间的安排。例如，在一段紧张的追逐情节之后，可以安排一段主角之间的对话情节，让节奏舒缓下来。如果情节一直很紧张，观众会感到疲惫；相反，如果情节一直很松散，观众又会觉得无聊。设计疏密有致的节奏变化能够增强影片对观众的吸引力。

角色情感的变化是影响内在节奏的关键因素。以一个讲述运动员成长的微电影为例，开始时主角因为比赛失利而沮丧，这是情感的低谷，节奏相对低沉；当他遇到新的教练，开始艰苦训练时，他的心中重新燃起希望，情感逐渐上升，影片的节奏也随之变得积极向上；当他再次面临比赛时，紧张和期待的情绪达到高潮，节奏变得紧张起来。如果在剪辑中能够准确地捕捉并呈现角色情感的起伏曲线，就能很好地把握影片的内在节奏。

剪辑时要找到能够引起观众情感共鸣的节奏点。例如，在一个表现亲情的微电影中，当久别重逢的母子相拥而泣时，这个时刻就是一个强烈的情感共鸣点。剪辑师需要在这个点上适当延长镜头，或者采用慢动作等手法，强化这种情感氛围，使观众的情感与角色同步，从而把握好影片在这个情节上的内在节奏。

（2）微电影的叙事剪辑

微电影作为一种独特的视听艺术形式，叙事的有效构建是吸引观众的关键。

1）情节拆分法

情节拆分法是将微电影中的故事情节按照一定的逻辑和节奏进行分解的剪辑手段，通过打破传统的线性叙事，以非线性的方式重新组合情节，从而构建出更具层次感和吸引力的故事结构。这种方法有助于从不同角度呈现故事，避免单调的叙事方式，使观众能够以一种更深入、更全面的视角去理解微电影的情节发展和主题表达。

在进行情节拆分之前，首先要确定关键情节节点，明确故事中的关键情节，如故事的转折点、高潮点、人物关系的重大变化点等。以一个复仇主题的微电影为例，主角发现真相的那一刻、决定复仇的瞬间以及最终复仇成功或失败的场景都是关键情节节点。

其次，要构建叙事层次，将拆分后的情节按照不同的叙事层次进行排列。可以按照时间层次，如过去、现在、未来；也可以按照情感层次，如从愤怒到平静，从迷茫到坚定等。例如，在一个关于自我救赎的微电影中，将主角过去堕落的情节与现在努力改变的情节交错剪辑，形成对比鲜明的叙事层次，让观众更好地理解角色的成长历程。

2）时间倒转法

时间倒转法是以逆序的方式剪辑情节，这是一种独特的叙事策略。它通过打乱正常的时间顺序来营造悬念，增加故事的曲折性。这种叙事手法能够吸引观众的注意力，在时间的回溯中逐步揭示故事的真相，让观众重新构建对故事的理解，为叙事增添神秘色彩和吸引力。

在运用时间倒转法时，要确定倒转的始末及倒转过程中的逻辑连贯，虽然是时间倒转，但情节之间的逻辑关系仍然要保持连贯。在倒转过程中，每个情节的因果关系要清晰。例如，在倒转一个创业失败的故事时，从失败的结果开始倒转，每一个之前的决策失误、市场变化等情节都要能够合理地解释最终的失败结果，不能让观众感到困惑。

3）场景融合法

场景融合法是指打破空间和时间的限制，将不同的场景元素或情节片段有机融合。这种方法拓展了叙事的空间维度，通过关联不同的场景，能够以一种创新的方式表达主题和人物关系。例如，通过融合不同时空的场景来展现人物的回忆、幻想或者不同地点之间的内在联系，使叙事更加灵活多样，增强故事的表现力。

在进行场景融合时，要找到不同场景之间的关联点，设立视觉符号或听觉符号构建叙事网。可以是情感关联，如两个场景中的人物都处于孤独的情感状态；也可以是主题关联，如都与寻找自我价值有关。例如，在一部聚焦非遗文化手艺人的微电影中，可以将手艺人从叛逆学徒转变为文化传播者的情节，通过手艺作坊与文化展厅的交替来呈现：一边是年轻学徒在昏暗作坊中反复捶打银器的特写，另一边是十年后他在非遗文化展中讲解作品时，展厅玻璃倒映出作坊的虚影。两段时空也可以以金属敲击声为场景听觉符号，渐强渐弱自然过渡，暗示技艺传承与自我蜕变的双重主题。

在技术层面上，要注意场景融合的视觉效果处理。如果是将白天的场景和夜晚的场景相融合，那就需要调整色彩、对比度等参数，使融合后的画面看起来和谐统一。例如，在将一个阳光明媚的海边场景与一个昏暗的室内创作场景相融合时，要适当降低海边场景的亮度和饱和度，提高室内场景的亮度，使两个场景在视觉上能够平滑过渡。

（3）微电影的情绪剪辑

1）速度调控法

速度调控法是通过调整镜头的播放速度来控制微电影节奏的剪辑手段。它能够营造不同的情绪氛围，增强影片的表现力。例如，快速的镜头速度可以加快叙事节奏，让故事在紧张刺激的氛围中推进，适合表现动作、冲突等情节；而缓慢的镜头速度则能使叙事节奏舒缓，有助于细腻地刻画人物情感、描绘场景等，以丰富叙事的情感层次。

在调整镜头速度时，要注意过渡的自然性。不能突然从极快的速度切换到极慢的速度，除非是为了特殊的艺术效果。例如，在从一个紧张的比赛场景（快速度镜头）过渡到比赛结束后主角的沉思（慢速度镜头）时，可以采用渐变的速度调整方式，先稍微减慢速度，再逐渐过渡到更慢的速度，使观众的情绪能够平稳地从紧张转换到舒缓。

2）镜头跳跃法

镜头跳跃法是一种突破传统叙事逻辑下镜头组接顺序的剪辑技巧。它故意省略一些中间环节，使镜头之间产生跳跃感。这种跳跃不是随意的，而是基于对观众情绪感知的把握。例如，在表现一个人从沮丧到突然振奋的情绪转变时，可以直接从他在黑暗角落垂头丧气的中景镜头，跳跃到他站在阳光下充满活力的全景镜头，省略掉中间过渡的部分，让观众通过这种强烈的视觉反差迅速感受到情绪的变化。

在悬疑微电影中，镜头跳跃法可用于营造紧张和神秘的氛围。比如在展示主角探索一个神秘空间时，镜头从主角刚进入空间的疑惑表情，跳跃到他突然惊恐地看向某个方向，中间省略了他发现异常的过程，使观众的心跳加速，好奇心被极大地激发。

3）特写强化法

特写强化法是通过特写镜头来强调人物的情绪细节或者物体所蕴含的情感象征意义的剪辑技巧。特写镜头能够将观众的注意力集中到最关键的情绪元素上。例如，在表现人物的悲伤情绪时，特写人物眼角滑落的泪水，能够让观众更真切地感受到这种悲伤。对于物体而言，特写一个带有回忆的旧物件，如一封旧情书，能够唤起观众对角色过去情感经历的联想，从而强化整体的情绪氛围。

在人物特写方面，要选取最能体现情绪的部位，如眼睛、嘴唇等。眼睛特写可以传达出复杂的情感，如愤怒时的眼神、迷茫时的眼神等。嘴唇的颤抖也能很好地表现出人物的紧张或激动情绪。在特写物体时，要选择与情节和情绪紧密相关的物体。

特写镜头的时长不宜过长或过短。如果过长，可能会让观众感到厌烦或者过于刻意；如果过短，又无法充分发挥特写强化情绪的作用。例如，在表现人物极度的愤怒时，特写他紧握的拳头和暴起的青筋，这个特写镜头时长保持在3～5秒比较合适，既能让观众清楚地看到情绪细节，又不会使节奏拖沓。

4）对比剪辑法

对比剪辑法是指将具有强烈对比性质的镜头组接在一起，以产生鲜明的情绪对比效果。这种对比可以是内容上的对比，如贫富对比、善恶对比等，也可以是形式上的对比，如大小对比、动静对比等。通过对比剪辑，可以使观众更深刻地感受到影片中的情绪变化和主题思想。

在微电影剪辑中，要根据影片的主题和想要传达的情绪来选择对比元素。例如，如果想要表现社会的不公平，可将富人家的奢华宴会场景与穷人家的简陋餐桌场景进行对比剪辑。如果要传达生命的脆弱与坚强的对比，可以用娇嫩的花朵被风雨摧残的镜头与在石缝中顽强生长的小草镜头进行对比。

在进行对比剪辑时，要注意对比镜头之间的过渡，过渡要自然流畅，避免让观众感到突兀。可以采用渐变的方式，如从一个明亮的场景逐渐过渡到一个黑暗的场景，或者利用声音、动作等元素作为过渡的桥梁，使对比效果更具说服力和感染力。

5）音乐匹配法

音乐是微电影情绪剪辑中不可或缺的元素。合适的音乐能够极大地增强影片的情绪感染力。音乐的节奏、旋律和音色都应与影片中的情绪相匹配。在筛选背景音乐时，剪辑师必须精准拿捏音乐的情感基调，诸如哀伤、振奋、幽默、悲愤、难堪、豁达等，挑选出与微电影主题高度契合的音乐，从而为微电影增添浓厚的氛围和强烈的感染力。例如，快节奏、有强烈鼓点的音乐适合表现紧张刺激的动作场面或激动人心的时刻；而舒缓、轻柔的音乐则能烘托出浪漫、温馨或悲伤的情绪。

在剪辑时，要确保音乐的节奏与情节的节奏相协调。在追逐场景中，音乐的节奏应加快，与画面中人物奔跑、追逐的速度相匹配。而在情感交流的慢节奏情节中，音乐的节奏也应相应地放缓。

音乐风格的选择要与影片风格一致。对于复古风格的微电影，应选择具有古典音乐元素或时代特色的音乐；对于科幻风格的微电影，则可以采用富有现代感、电子元素的音乐来增强影片的整体风格和情绪氛围。

6）色彩烘托法

色彩在微电影的情绪剪辑中具有强大的烘托作用。不同的色彩能够唤起观众不同的情绪反应。例如，暖色调（如红色、橙色）通常传达出热情、活力、积极的情绪，而冷色调（如蓝色、绿色）往往表现出冷静、忧郁、神秘的感觉。通过在剪辑过程中对色彩的选择和调整，可以强化影片的情绪氛围。

在一部表现青春活力的微电影中，可以多运用暖色调场景，如金黄色的阳光洒在年轻人欢笑奔跑的操场上。而在悬疑或恐怖微电影里，冷色调的运用能够增强紧张感，如在昏暗的蓝色灯光下展现犯罪现场。通过色彩的对比剪辑，也能产生强烈的情绪冲击。例如，从充满生机的暖色调画面突然切换到压抑的冷色调画面，能有效地表现出情绪的急剧转变。

（4）微电影的动作剪辑

在微电影制作中，动作场景的有效剪辑对影片呈现效果至关重要。为了实现理想的动作画面效果，需要运用特定的剪辑方法。动作优化法、动作错时法、动作细分法等在动作剪辑中具有重要意义，它们有助于提升微电影动作场景的剪辑质量和视觉效果。

1）动作优化法

动作优化法是在微电影剪辑过程中，对原始拍摄的动作素材进行筛选、调整和修饰，以提升动作在影片中的表现力和视觉效果的方法。其目的在于去除动作中的冗余部分，突出动作的关键元素，使动作更加流畅、自然且富有节奏感，从而更好地服务于影片的叙事和情感表达。

去除瑕疵动作：在拍摄动作场景时，可能会存在一些不完美的动作，如演员的失误、不协调的肢体动作等。动作优化法要求剪辑师仔细甄别这些瑕疵动作并将其剪掉。例如，在一个武术打斗场景中，如果演员的某个踢腿动作角度不佳或者力量感不足，就可以通过剪辑去除这个部分，选择同一动作的其他较好的拍摄片段进行拼接。

调整动作节奏：根据影片的整体节奏需求，对动作的节奏进行调整。如果影片需要营造紧张的氛围，对于一个奔跑的动作，可以加快其节奏，缩短每个脚步落地的间隔时间，使奔跑看起来更急促、更有力量。相反，如果是在抒情的情节中，一些缓慢的动作，如人物伸手触摸花朵的动作，可以适当延长每个动作阶段的时长，让动作显得更加舒缓、轻柔。

强化动作重点：明确动作中的关键部分，并对其进行强化。在一个舞蹈表演的微电影中，舞者的旋转动作可能是整个舞蹈的高潮部分。剪辑时，可以将特写镜头聚焦在舞者的面部表情和旋转的身姿上，同时稍微放慢这个片段的播放速度，以突出动作的优美和舞者的情感投入，使这个动作重点更加引人注目。

2）动作错时法

动作错时法是一种打破常规动作时间顺序进行剪辑的方法。它有意将动作的不同阶段在时间上进行错位组合，以创造出独特的视觉效果和节奏感。这种方法的目的在于增加动作的趣味性、悬念感或紧张感，使观众对动作产生新的理解和感受，从而吸引观众的注意力并增强影片的艺术感染力。

分解动作阶段：首先要将完整的动作分解成多个阶段，例如可将一个篮球运动员投篮的动作分解为拿球、屈膝、起跳、投篮、球出手等阶段，然后根据创意和影片的需求，选择不同阶段进行错时剪辑。

制造悬念效果：在悬疑微电影中，动作错时法可用于制造悬念。例如，表现主角必须在限定时间内剪断正确的电线的情节。可以先用特写镜头显示剪刀即将剪断红线，然后倒回展示主角检查电线并选择的过程，通过时间错位让观众紧张。

创造节奏感：在动作片中，通过动作错时法可以创造出独特的节奏感。比如，在一场激烈的打斗场景中，将主角出拳的动作和敌人躲避的动作进行错时剪辑，先展示敌人躲避的动作，再展示主角出拳的动作，这种错时能够使打斗看起来更加惊险、刺激，增强动作的节奏感。

3）动作细分法

动作细分法是将微电影中的动作进行细致分解，然后按照特定的逻辑和艺术需求重新组合这些细分动作的剪辑方法。其目的在于更精准地控制动作的表达，深入挖掘动作背后的含义，通过对细分动作的重新排列组合，展现出动作的复杂性、多样性和情感内涵，从而丰富影片的叙事和视觉效果。

精细分解动作：对动作进行尽可能细致的分解。以一个演员开门的动作为例，可以分解为伸手、握住门把手、转动把手、推门、门缓缓打开、身体进门等多个细分动作。这种精细的分解能为后续的剪辑提供丰富的素材。

根据情感逻辑重组：按照影片所要传达的情感和叙事逻辑对细分动作进行重组。如果要表现人物进入房间时的紧张情绪，可以将原本连贯的开门动作打乱，先展示转动把手的动作特写，然后切换到人物紧张的面部表情，再回到门缓缓打开的动作，通过这种重组强调人物的紧张情绪。

突出动作细节美感：在一些需要展现动作美感的微电影中，如艺术舞蹈或武术表演的微电影，可采用动作细分法突出动作的细节美感。例如，在舞蹈微电影中，将舞者的旋转动作细分后，挑选出最优美的身体姿态和肢体线条的瞬间进行重新组合，使舞蹈动作看起来更加华丽、富有艺术感染力。

虽然这些方法都具有很强的实用性，但绝不能生搬硬套。剪辑师必须根据微电影的内容和情节特点，选择针对性强且匹配度高的方法，进而提升微电影剪辑的质量，展现剪辑艺术的独特魅力。

知识四 功能讲解与案例应用

下面深入讲解微短片后期制作中的重要环节及其剪辑技巧，并通过微电影的实践案例，分析剪辑技巧在真实操作中的运用。

案例介绍：本片的类型为校园励志剧情微电影，成片时长10分钟。

剧情简介：

《学无止境》通过三个段落讲述了不同人物在学习和成长过程中克服困难、证明自己的故事。

第一段：男主A在艺术中心看到室友获得微电影大赛一等奖，感到羡慕和自卑。他在宿舍回忆起自己曾拒绝与室友一起拍摄的机会，感受到室友的努力和自己的懒散。在一次高中同学聚会上，男主A因学校和成就平平被同学陈浩嘲讽，但朋友刘洋鼓励他相信自己，努力追求梦想。男主A在回家的出租车上，决定开始新的征程，证明自己的能力。

第二段：男主B在公司项目评审会上自信满满地展示自己的方案，却意外地没有获得项目负责权，而是被同事赵泉拿到。男主B感到失落和愤怒，但没有放弃。他多次修改方案，尽管领导不满意，男主B依然坚持努力。最终，领导和老板被男主B的坚持和努力所打动，将项目交给了他，男主B的同事和领导都对他表示祝贺。

第三段：男主C和同学们在夜晚进行拍摄，全神贯注地捕捉精彩瞬间。回忆起自己刚进入剧组时的青涩和无知，男主C通过不断学习和实践，逐渐成长为一名优秀的摄影师。在一次拍摄结束后，男主C接到电话，得知他们的作品入选了大赛，团队成员们激动地庆祝。男主C回忆起自己在剧组的努力和成长，感慨万千。

剧本强调了无论起点如何，只要努力和坚持，就能实现自己的梦想。整个剧本传达了学习无止境、不分高低贵贱的主题，鼓励人们勇敢追求自己的热爱，用实力证明自己。

1. 素材归纳与处理

（1）相关知识点

如图5-1、图5-2所示，含剧情类视频剪辑的第一步就是准确地对素材进行归纳与处理。

在剧本涉及在不同场景拍摄的情况下，有以场次来分类素材的，也有以拍摄时间（天）来分类素材的。

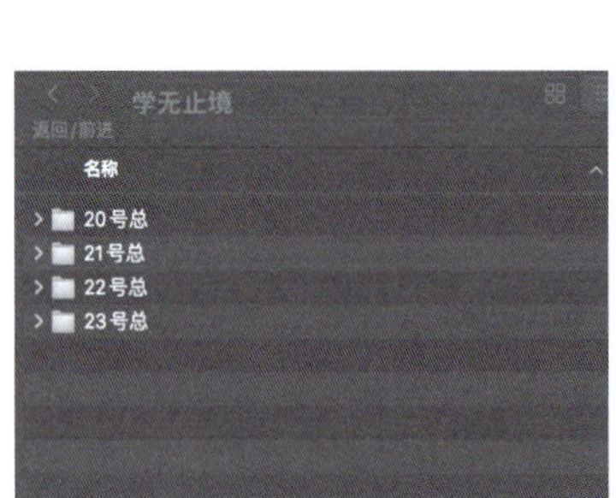

图5-1　按拍摄时间分类素材

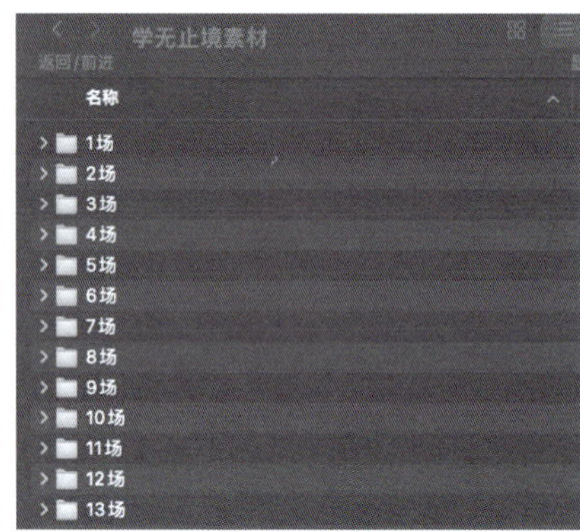

图5-2　按场次分类素材

注：用双机、多机拍摄的素材，极容易出现素材文件名同名的情况，在整理场次文件夹时需要注意分成多机位（例：A/B）。

在素材整理完成之后，格式较大的素材，如4K、60帧的，总素材体量过大，在电脑配置无法承受的情况下，一般都需要使用代理文件来进行剪辑。这一步骤在体量较小的片子中使用较少，是后期处理画质高的长视频时常用的。

（2）案例应用

以下以微电影《学无止境》作为案例进行讲解。

本短剧素材是使用SONY FX3拍摄的Slog素材，横屏，素材大小共375.27 GB，因现场没有DIT，所以需要在剪辑师层面处理素材。

如图5-3所示，本场戏共943个文件，先将所有文件转代理。

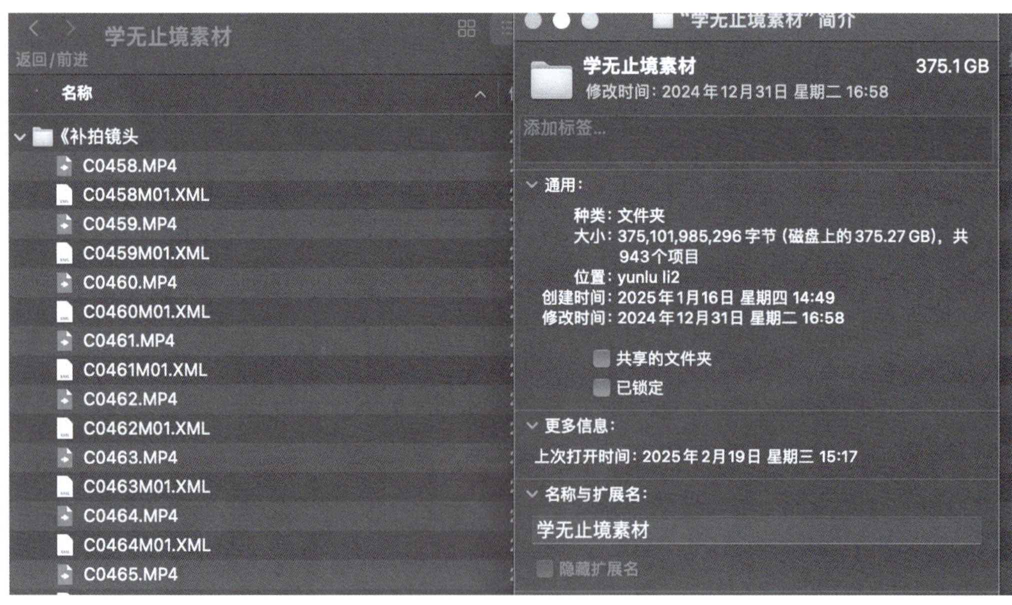

图5-3　素材信息

如图5-4所示，打开Adobe Media Encoder，根据指示导入素材文件夹里的所有素材，并将其调整到需要的格式。

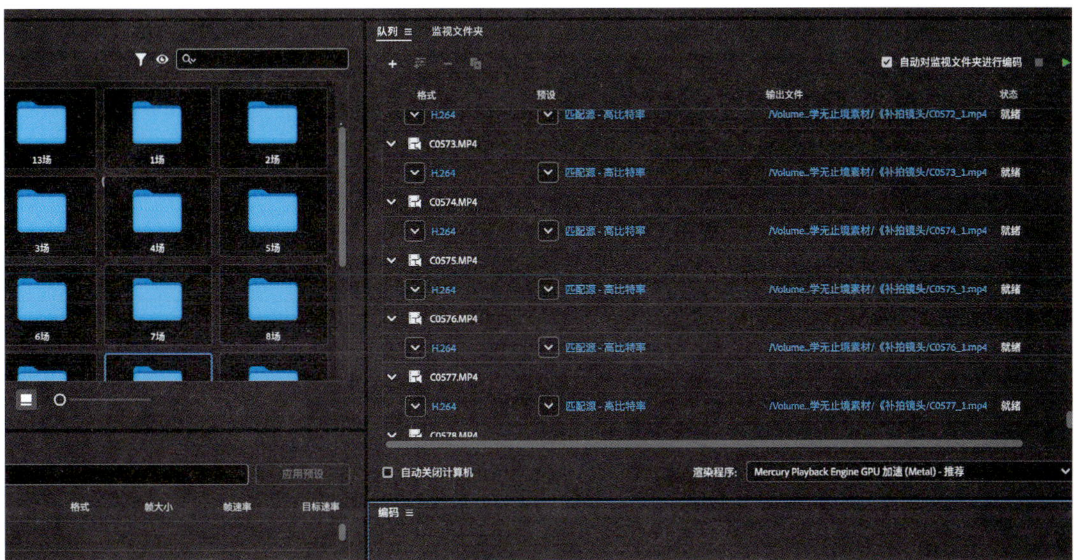

图5-4　代理格式

如图5-5所示，转代理完成之后，打开Premiere挑选需要的素材，并开启切换代理。

图5-5　切换代理

如图5-6所示，如有场记单，根据场记单上的记录进行选择。

日期	天_02_20220126					场记人	
卡号							
场	镜	次	A机视频	B机视频	A机过/不过	B机过/不过	内容
7A	1	1	A003 C058		不过		高寒跟管理员对话
7	1	1		B003 C038		过	高寒跟管理员对话（全）
7	3	2	C059		不过		
7	3	3	C060		不过		
7	3	4	C061		不过		
7	3	5	A004 C001				
7	3	6	C002		过		
8	1	1	C003		不过		高寒从玻璃里看段颖
8	1	2	C004				
8	1	3	C005		不过		
8	1	4	C006		不过		
8	1	5	C007				
8	4	1	C008		不过		窗外高寒
8	4	2	C009		不过		
8	4	3	C010		过		
8	3	1	C011		不过		段颖被踢倒
8	3	2	C012		不过		
8	3	3	C013		过		
8	6	1	C015		不过		段颖坐在地上
8	6	2	C016		不过		
8	6	3	C017		过		
8	2	1		C001			
8	2	2		C002			
8	2	3		C003		不过	
10			C018-24				十场车拍外部
10			C025-31				十场车内发卡特写

图5-6　场记单

注：

①如无场记单，需一个个看素材挑选，一般过条都是这个镜头的最后一条素材；

②选择素材时需要考虑多个方面，如演员表演、是否穿帮、构图角度等，一般以导演的过条为准。

2. 分屏剪辑

分屏剪辑是一种将两个或多个不同的画面同时呈现在一个屏幕上的剪辑手法，它能够丰富画面内容，增强叙事的多样性和趣味性。以下是分屏剪辑的相关知识点。

（1）定义

分屏剪辑是指将屏幕分割成两个或多个区域，每个区域显示不同的画面内容，这些画面可以是不同的场景、不同的角度或不同的主体，通过同时展示多个画面，实现多线叙事、增强对比效果或丰富画面信息的目的。

（2）特点

多线叙事：能够同时展示多个故事线索的发展，让观众在同一时间了解不同场景中发生的事情，使叙事更加丰富和立体。

对比效果：通过将不同的画面放在一起，形成鲜明的对比，突出主题或情感，如对比不同人物的状态、不同场景的氛围等。

丰富画面信息：在有限的屏幕空间内展示更多的内容，增加画面的信息量，使观众能够获取更多的视觉信息。

（3）分屏方式

二分屏：将屏幕分成两个相等的部分，每个部分显示一个画面。这种方式简单明了，常用于对比两个画面或展示两个相关联的场景。

三分屏：将屏幕分成三个相等的部分，每个部分显示一个画面。这种方式可以展示更多的内容，但需要注意画面的平衡和协调。

四分屏：将屏幕分成四个相等的部分，每个部分显示一个画面。这种方式适用于展示多个不同的场景或角度，但画面可能会显得较小，需要合理安排画面内容。

不等分屏：根据画面的重要性和内容需求，将屏幕分成不同大小的部分，每个部分显示一个画面。这种方式更加灵活，可以突出重点画面，同时展示其他相关内容。

（4）应用场景

多线叙事：在电影、电视剧等叙事性作品中，分屏剪辑可以同时展示多个故事线索的发展，让观众在同一时间了解不同场景中发生的事情，增加故事的复杂性和吸引力。例如，在一部悬疑剧中，可以同时展示主角在调查案件时的场景和反派在策划阴谋时的场景，通过分屏剪辑让观众感受到故事的紧张和复杂。

对比效果：通过分屏剪辑将不同的画面放在一起，形成鲜明的对比，突出主题或情感。例如，在一部广告中，可以将产品使用前后的效果进行分屏展示，突出产品的功效和优势；在一部纪录片中，可以将不同时期的同一场景进行分屏展示，突出时代的变化和发展。

丰富画面信息：在一些需要展示大量信息的场景中，分屏剪辑可以增加画面的信息量，让观众获取更多的视觉信息。例如，在一部体育赛事的直播中，可以将比赛现场的画面和运动员的数据、比赛的统计信息等进行分屏展示，让观众在观看比赛的同时了解更多的相关信息。

（5）注意事项

画面比例：在分屏剪辑中，需要注意画面的比例和构图，确保每个画面都能够清晰地展示内容，同时保持整体画面的平衡和协调。

内容协调：分屏剪辑的画面内容需要相互协调，以避免画面之间的冲突和干扰。例如，画面的色彩、明暗、风格等需要保持一致，同时画面的内容也需要相互呼应，形成一个有机的整体。

观众注意力：分屏剪辑可能会分散观众的注意力，因此需要合理安排画面内容，突出重点画面，引导观众的注意力。例如，可以通过画面的大小、位置、色彩等手段来突出重点画面，同时避免画面之间的竞争和干扰。

（6）案例应用

在《学无止境》微电影中，主人公有三位人物，每个人物的故事不一样。在这种特殊情况下，可以使用分屏剪辑这个手段，并配合人物内心独白的音轨，达到同时介绍三个人物、丰富画面信息的效果，同时还可以简单明了地展现影片结构。

接下来，在剪辑师审阅完所有的素材后，首先考虑到分屏之后的画面较小，应选取中景以下的景别镜头，然后选取正面、有故事感的画面，以便在短短几秒钟内能吸引观众往下看。

根据以上原则，图5-7选取第一段故事中男主A见到室友获奖后的思考近景；图5-8选取第二段故事中男主B在深夜加班的画面；图5-9选取第三段故事中男主C接电话得知获奖的镜头。

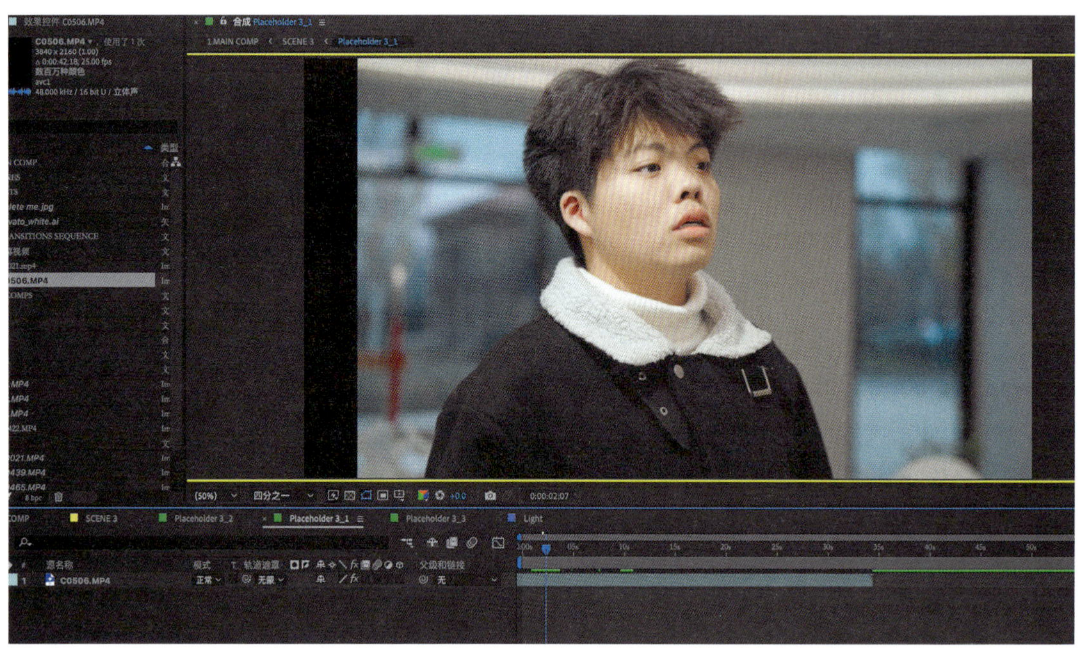

图5-7　男主A近景

图5-8　男主B近景

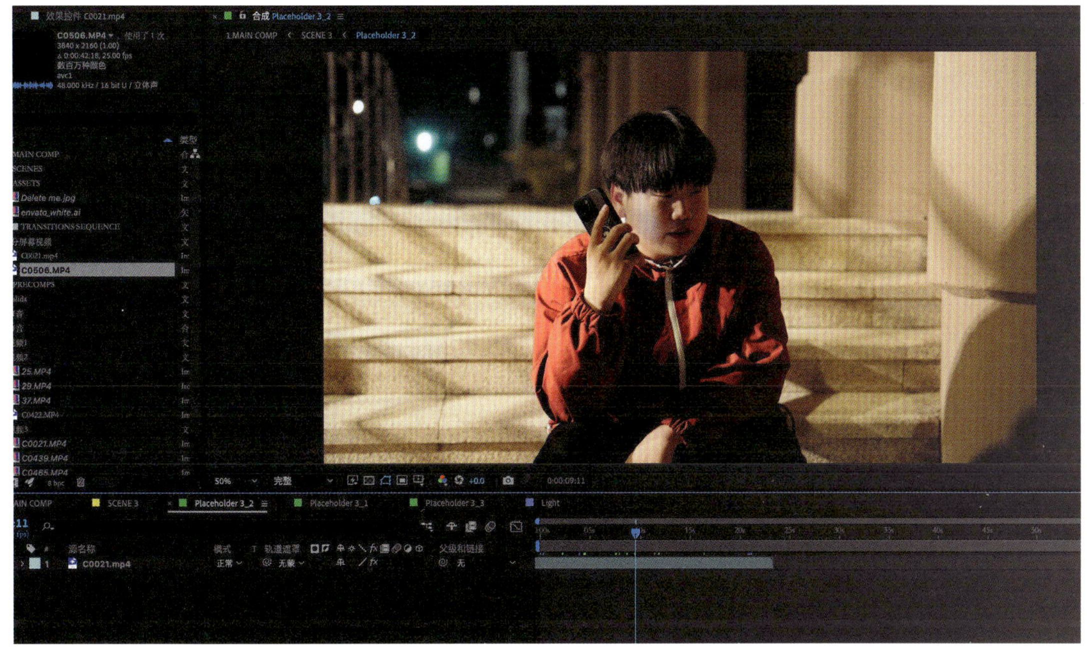

图5-9　男主C近景

其中，我们用到的是After Effects软件的分屏模板，在各大素材网上都能找到Premiere或者After Effects软件的分屏模板。

图5-10～图5-13是After Effects分屏模板图层界面详图。

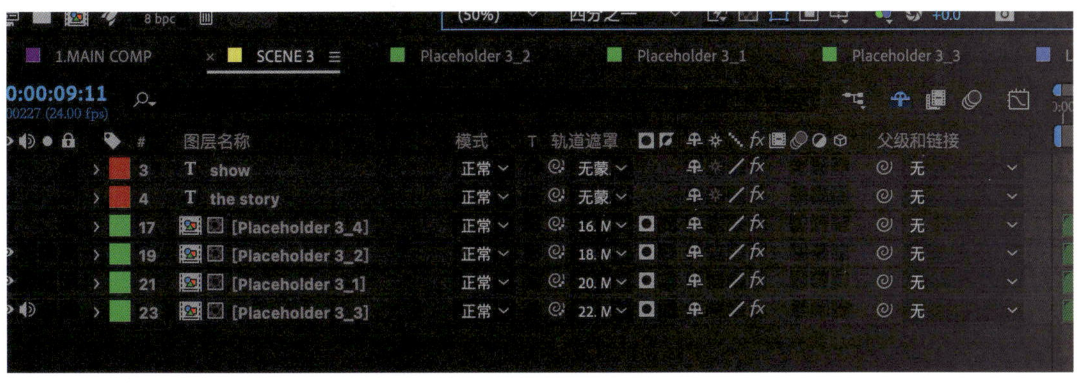

图5-10　模板图层界面（1）

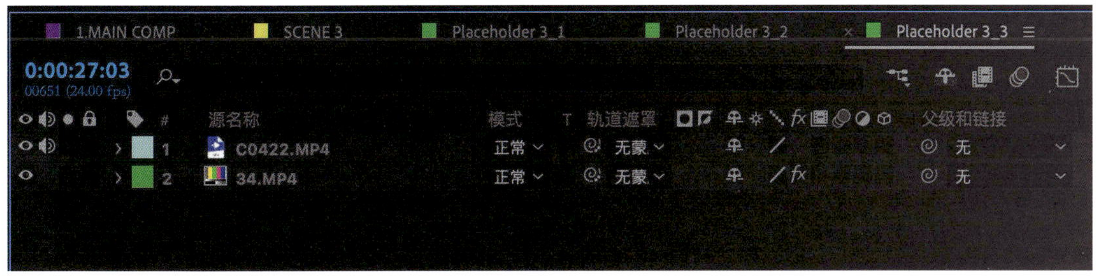

图5-11　模板图层界面（2）

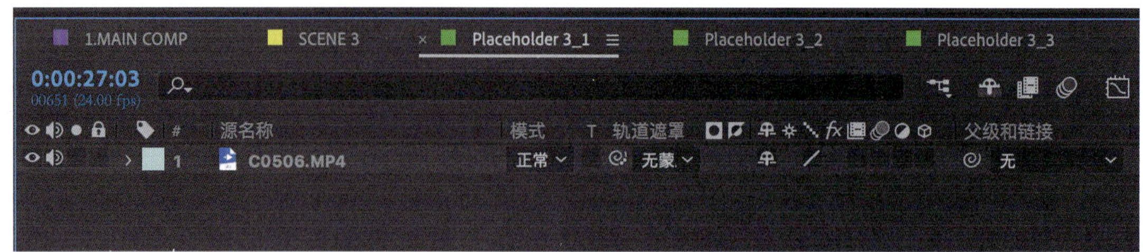

图5-12　**模板图层界面（3）**

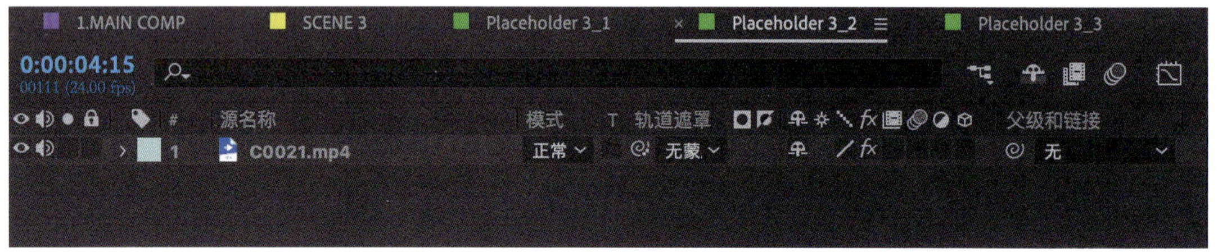

图5-13　**模板图层界面（4）**

图5-14是分屏剪辑的效果图。

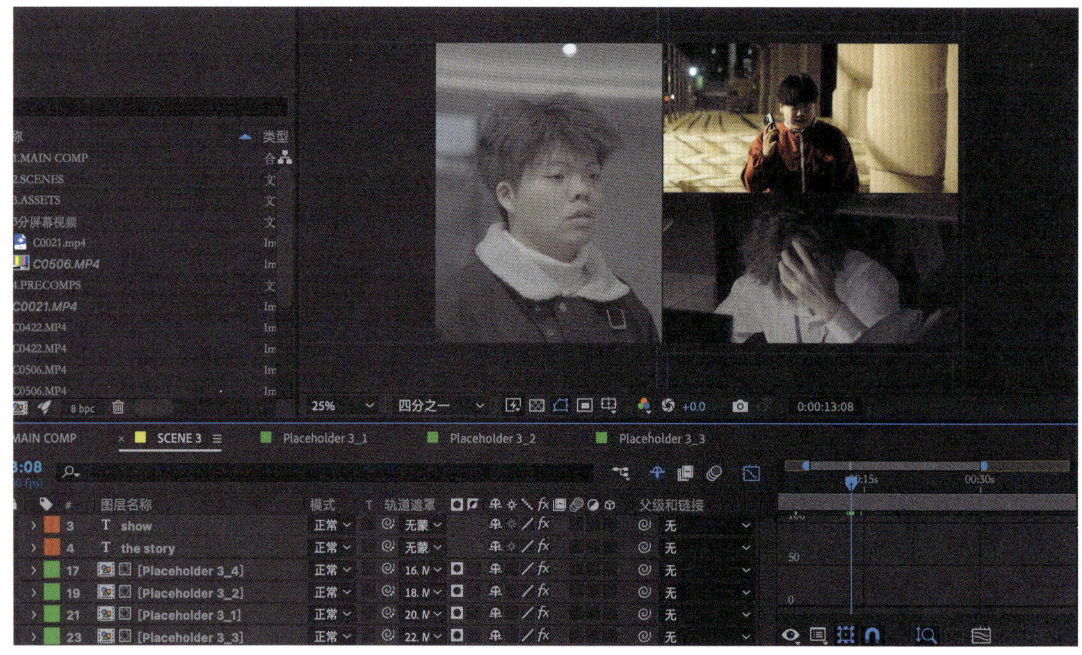

图5-14　**分屏剪辑效果图**

在After Effects中导出片段之后，将片段导入Premiere软件中，并将其放在开头的部分。

微课
分屏剪辑

3. 叙事性省略

（1）定义

叙事性省略是通过对素材的选择和取舍来突出主要叙事线索和核

心内容的剪辑方法。

（2）特点

突出主体：将观众的注意力集中在主角及与主角相关的人物关系上，使观众更能深入理解主角的性格、情感和动机，以及主角与其他角色之间的互动和冲突。

简化叙事：省略掉一些配角的镜头，能够减少不必要的信息干扰，使故事的叙述更加简洁明了，让观众更容易跟上剧情的发展。

节奏把控：可以根据剧情的需要，灵活调整节奏。通过快速剪辑主角的关键动作和反应，加快节奏，营造紧张刺激的氛围；或者通过保留主角的一些慢动作或特写镜头，放缓节奏，增强情感的表达。

（3）作用

塑造主角形象：通过选取与主角相关的镜头，能够有针对性地展现主角的行为、语言和表情，从而更加立体地塑造主角形象，让观众对主角产生更深刻的印象和情感共鸣。

推动剧情发展：围绕主角及相关人物关系进行剪辑，能够使剧情更加紧凑，突出故事的主要矛盾和冲突，推动剧情朝着既定的方向发展，避免因配角镜头过多而导致剧情松散。

引导观众情绪：引导观众将情感聚焦在主角身上，随着主角的命运起伏而产生喜怒哀乐等情绪，增强观众对故事的代入感和沉浸感。

（4）案例应用

接下来进行**叙事性省略**的示范剪辑，抽取一个小段落来进行讲解。

日 内 艺术中心

演员：男主A，室友，群演甲、乙，两名路人

道具：奖状

一天，在艺术中心，男主A从一小路走来，踏入大厅，步入展厅。他推开大门，好奇地看着室友在展览屏幕前，给几个围着他的同学讲解着什么。

男主A走近一看，原来几个同学正围着室友祝贺呢！

同学甲（高兴地说）：恭喜啊，兄弟！

同学乙（赞叹不已）：厉害啊，兄弟，还拿了第一！

室友（谦虚回应）：哪里，运气好罢了。

男主A看着室友手里那张“微电影大赛一等奖”的奖状，羡慕不已。

本段落主要是讲述男主A路过展厅得知室友获奖，在一旁观看时心情复杂的剧情。在这个展厅中必然有一些群众演员，那么取舍群众演员的镜头数量和时长就成了本场戏的问题，叙事性省略可以帮助剪辑师选取重点。

在全景（图5-15）中，我们看到男主A和室友是面对面站着的，接下来找到男主A和室友的单人镜头。

图5-15　全景镜头

在图5-16中展现了群演的镜头，营造了围观的氛围感。

图5-16　室友中景镜头

将男主A近景和室友演讲的镜头进行交叉剪辑，体现男主A被室友打动，在这个过程中认识到自己的颓废的心境（图5-17、图5-18）。如果在这个过程中插入群演的镜头，即使是在尊重现实的情况下，也会影响情绪的感染，所以叙事性省略是十分重要的。

图5-17　男主A近景

图5-18　室友近景镜头

4. 闪回蒙太奇

闪回蒙太奇是一种电影剪辑技巧，通过使当前场景与过去的回忆画面交替呈现，来展现人物的内心世界和情感变化。以下是闪回蒙太奇的相关知识点。

（1）定义

闪回蒙太奇是一种通过画面和声音的剪辑，将人物的回忆或过去的事件穿插在当前故事叙述中的手法。它能够让观众在观看当前场景的同时了解到人物过去的经历，从而更好地理解人物的行为动机和情感状态。

（2）特点

时间跳跃：闪回蒙太奇能够在不同的时间点之间自由跳跃，将过去的回忆与当前的事件相互交织。这种时间上的跳跃能够让故事的叙述更加丰富和立体，增加故事的层次感。

情感共鸣：通过展示人物的回忆，闪回蒙太奇能够引发观众的情感共鸣。观众可以通过人物的回忆，感受到人物的情感变化和内心世界，从而更加投入地观看影片。

叙事灵活性：闪回蒙太奇具有很强的叙事灵活性，可以根据故事的需要随时插入回忆画面。这种灵活性能够让故事的叙述更加自由和流畅，避免故事过于单调和线性。

（3）作用

补充背景信息：闪回蒙太奇可以用来补充故事的背景信息，让观众了解到人物的过去经历和成长背景。这些背景信息对于理解人物的行为动机和情感状态非常重要，能够使故事更加完整和有说服力。

深化人物形象：闪回蒙太奇通过展示人物的回忆，能够深化人物形象，使人物更加立体和丰满。观众可以通过人物的回忆，了解到人物的性格特点、价值观和人生经历，从而更好地理解人物的行为和选择。

增强情感表达：闪回蒙太奇能够增强情感表达，使情感更加深刻和动人。通过回忆过去的美好时光或痛苦经历，人物的情感可以得到更充分的表达，观众也能够更加深切地感受到人物的情感变化和内心世界。

推动剧情发展：闪回蒙太奇可以用来推动剧情发展，为故事增添悬念和戏剧性。通过回忆过去的事件，可以揭示故事的真相，引发新的冲突和矛盾，使故事更加紧张和有趣。

（4）应用场景

剧情片：在剧情片中，闪回蒙太奇常用于展现人物的内心世界和情感变化。通过回忆过去的经历，人物的行为动机和情感状态可以得到更好的解释，使故事更加感人和有深度。

悬疑片：在悬疑片中，闪回蒙太奇可以用来揭示故事的真相和解开谜团。通过回忆过去的事件，可以逐步揭示故事的线索和真相，增加故事的悬念和紧张感。

爱情片：在爱情片中，闪回蒙太奇常用于展现人物的爱情故事和情感发展。通过回忆过去的美好时光，可以增强情感表达，使爱情故事更加动人和感人。

传记片：在传记片中，闪回蒙太奇可以用来展现人物的成长历程和人生经历。通过回忆过去的事件，可以全面展现人物的一生，使传记片更加真实和有说服力。

（5）案例应用

接下来进行**闪回蒙太奇**的示范剪辑，抽取几个小段落来进行讲解。

第1场

日 内 艺术中心

一天，在艺术中心，男主A从一小路走来，踏入大厅，步入展厅。他推开大门，好奇地看着室友在展览屏幕前给几个围着他的同学讲解着什么。

男主A走近一看，原来几个同学正围着室友祝贺呢！

同学甲（高兴地说）：恭喜啊，兄弟！

同学乙（赞叹不已）：厉害啊，兄弟，还拿了第一！

室友（谦虚回应）：哪里，运气好罢了。

男主A看着室友手里那张“微电影大赛一等奖”的奖状，羡慕不已。

第2场

日 内 宿舍 ——回忆场

想起他的室友那天叫他要不要去拍摄，他在床上迷糊中就拒绝了，转头睡得香甜。

室友爬上床梯，一把拉开床帘。

室友（高兴）：快点起床，一起去拍摄啊！

李星宇（迷迷糊糊，不耐烦）：哎呀，我不去，你自己去。

李星宇蠕动着身体把头裹进被子里，一把拉上床帘。

第3场

日 内 教室——回忆场

下午，室友独自来到教室学习。

室友在研究前都会仔细阅读好几遍每个机器的使用方法。

室友在教室里一会儿站着研究补光灯，一会儿弯着腰调机器，一会儿又拿着相机在一旁练习。

整个屋子很大，就他一个人，屋子又很小，每个角落都是他。

时钟在墙上“滴答滴答”地陪伴着室友。随时间慢慢推移，场景也从黄昏进入了黑夜。

第4场

日　内　教室——回忆场

室友在课堂上总是跟小组成员围成一圈，讨论拍摄作业的各种疑难问题。这不，检查作业时发现了一张有问题，室友皱着眉头，拿着相机找左边的同学看，人家摇摇头表示不知道问题出在哪。不死心的室友又把相机递给右边的同学，结果同学们纷纷摇头。

没办法，室友只好看向老师，拿着相机走向讲台，请教老师问题产生的原因。老师在讲台上耐心地给室友解答，组员们也纷纷围过来，认真听老师的讲解。老师也不忘细心地给左右两旁的同学讲解清楚。

第5场

日　内　艺术中心

男主A抬头看着获奖后光芒四射的室友，再看看自己普普通通，没什么能力，心里不禁感到自卑，攥紧了衣角。

以上段落主要是讲述男主A发现室友获得了微电影大赛的奖，在展厅中陷入了回忆，回忆内容包括：室友叫男主A一起去拍摄，男主A拒绝，室友自己在教室内鼓捣器材，室友在班上与同学们一起研究。

步骤1：首先找到最适合男主A在展厅中切入回忆的镜头。

图5-19 ~ 图5-21是本场戏中男主A的镜头。

图5-19　全景镜头

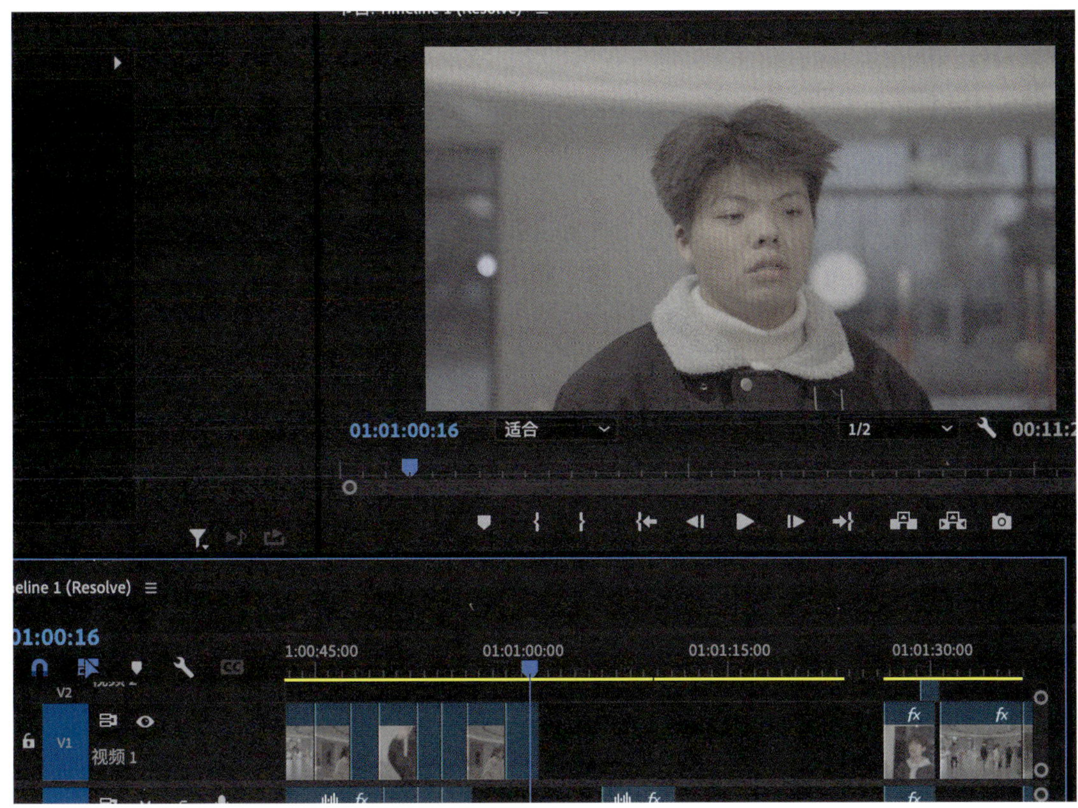

图5-20　近景镜头

图5-21　中全景镜头

在这三个镜头中，选择图5-20的男主A近景作为插入回忆的镜头。

步骤2：找到所有需要插入闪回的蒙太奇镜头，并调整顺序进行剪辑。先回忆男主A拒绝室友的拍摄邀请的情景，然后是室友独自一人在摆弄器材的情景，最后是室友在班上跟一群志同道合的朋友一起讨论的情景，按照这个顺序表达男主A后悔没有参与拍摄，以及他见证室友长期以来的努力的过程，体现出个人可以因为努力而改变人生这个主题（图5-22～图5-37）。

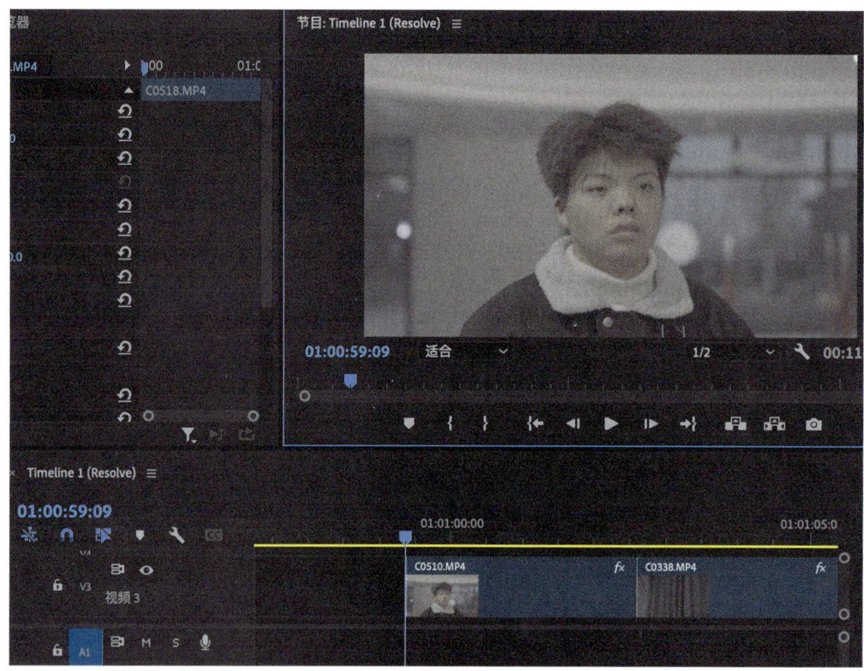

图5-22　镜头4-1剪辑点（首）

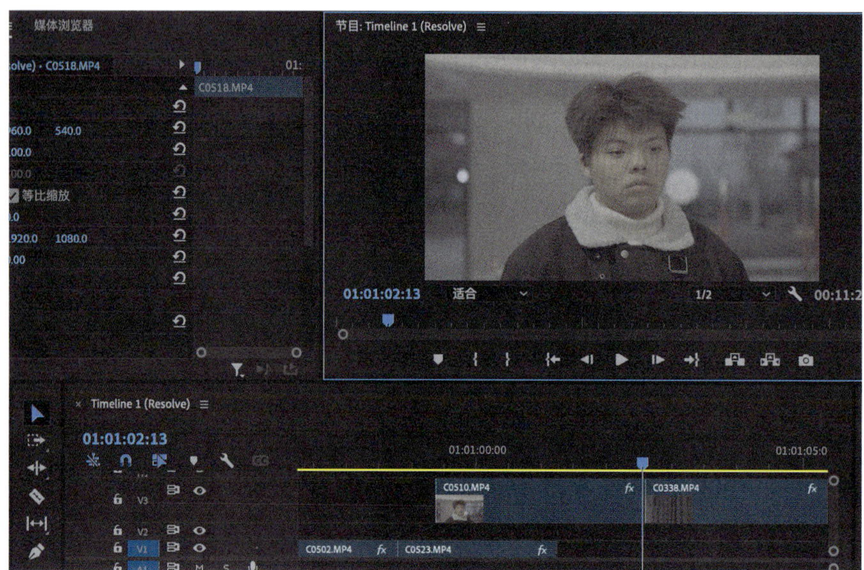

图5-23　镜头4-1剪辑点（尾）

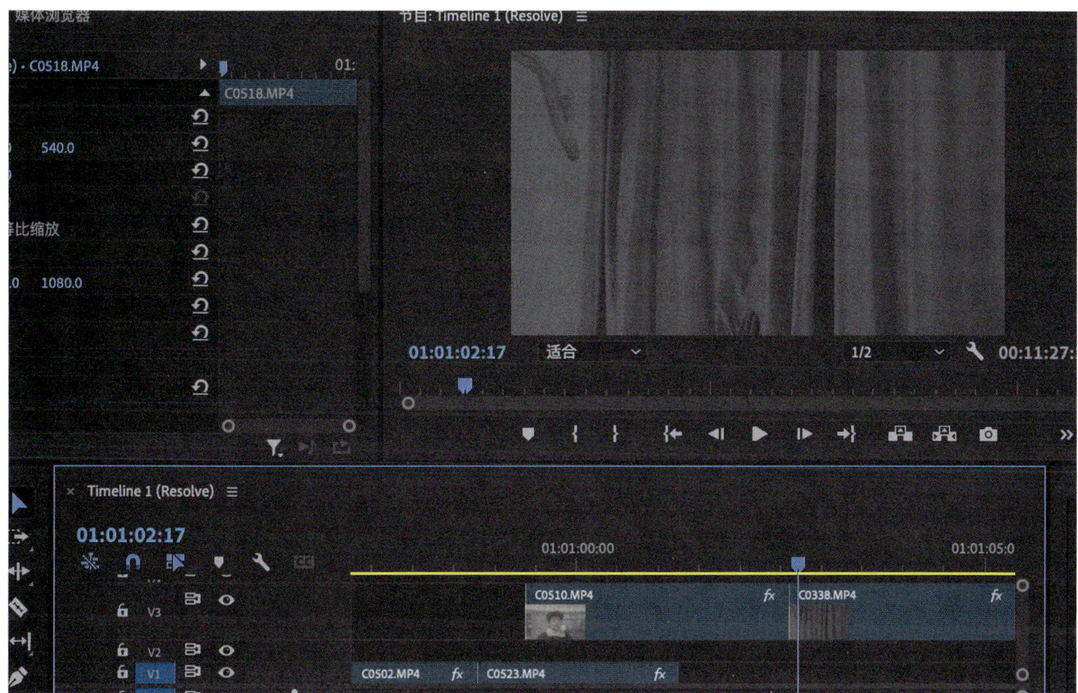

图5-24 镜头4-2剪辑点（首）

图5-25 镜头4-2剪辑点（尾）

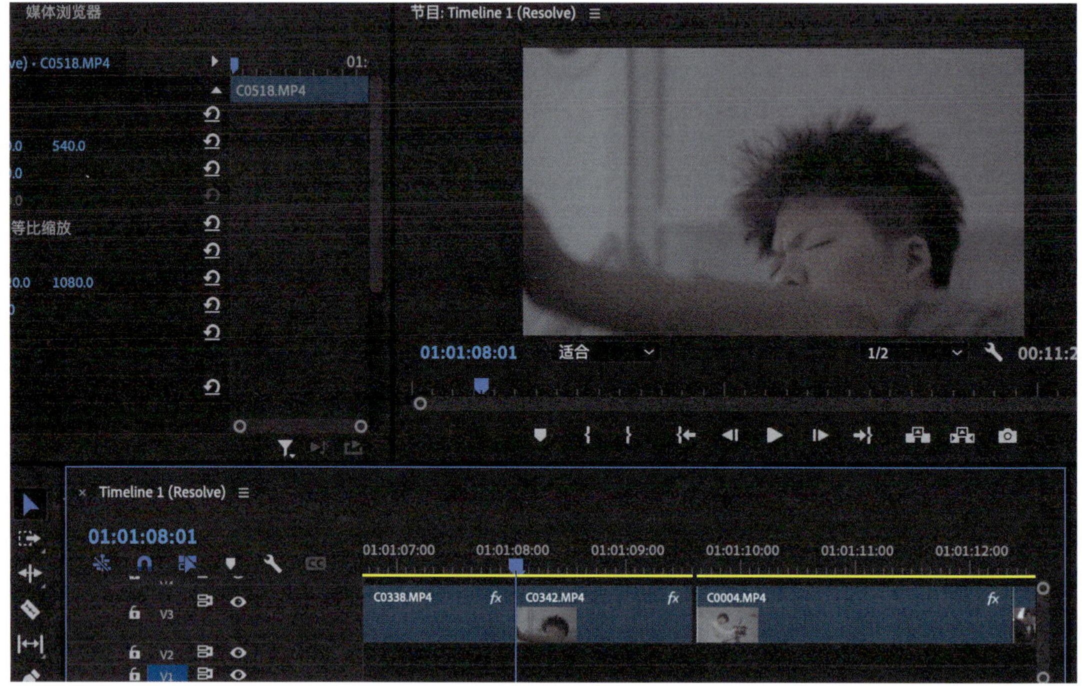

图5-26　镜头4-3剪辑点（首）

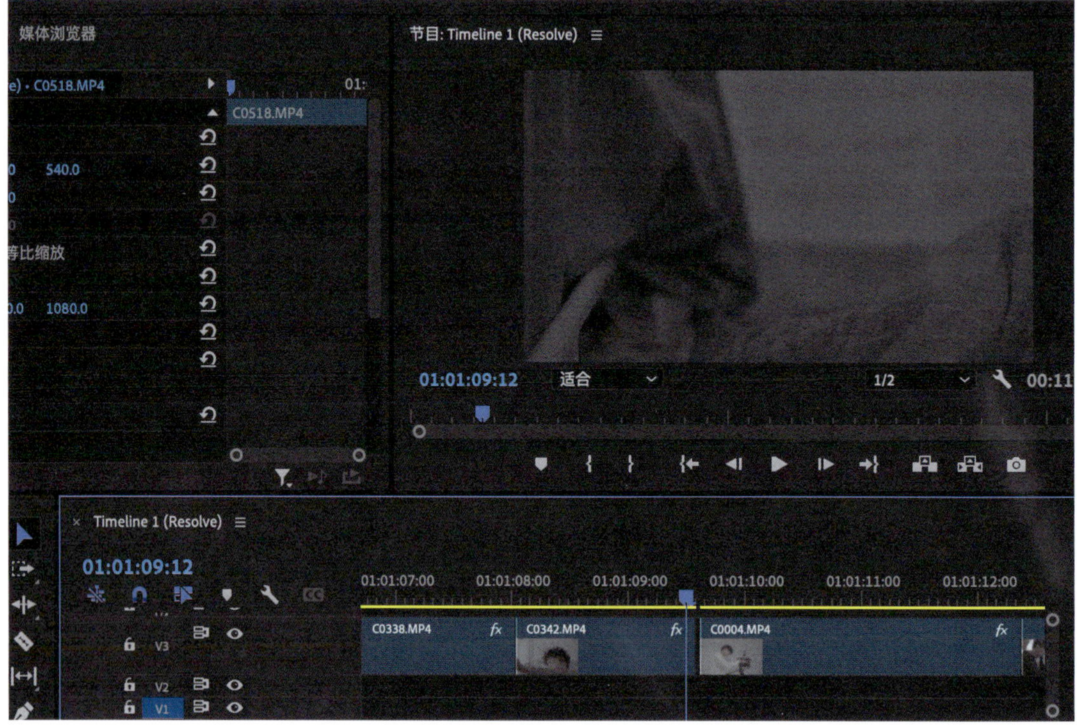

图5-27　镜头4-3剪辑点（尾）

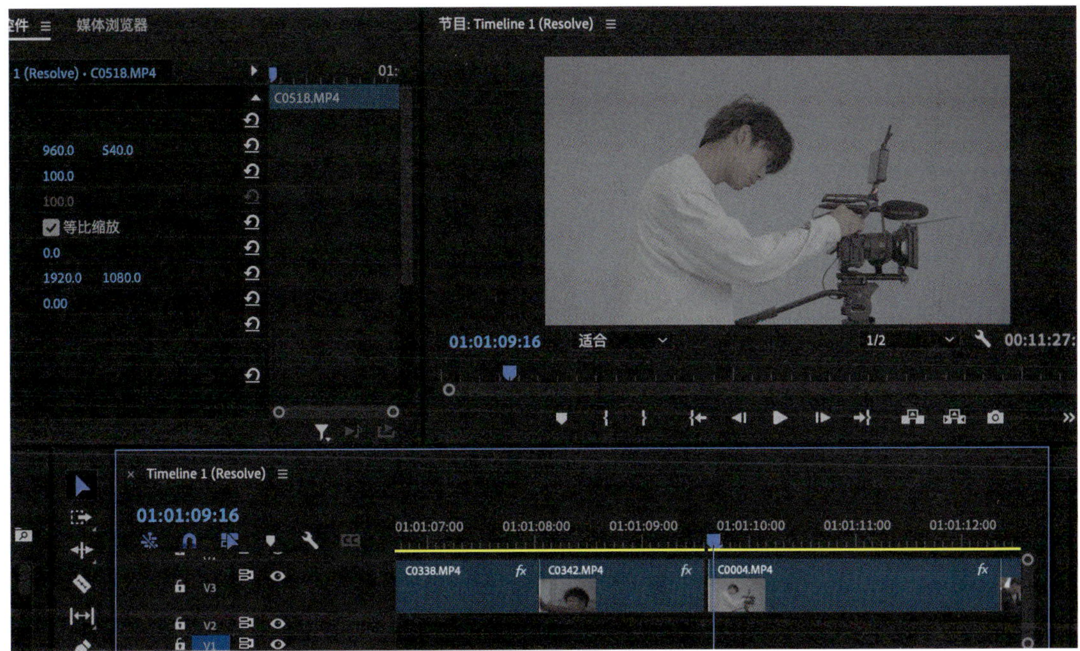

图5-28　镜头4-4剪辑点（首）

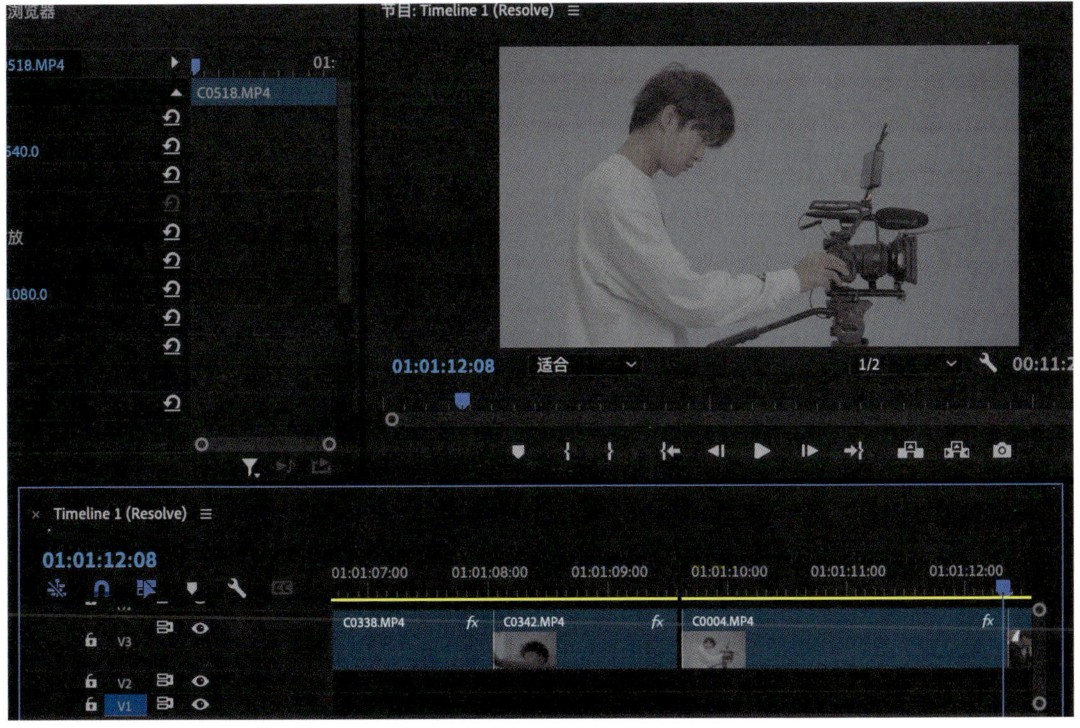

图5-29　镜头4-4剪辑点（尾）

图5-30　镜头4-5剪辑点（首）

图5-31　镜头4-5剪辑点（尾）

图5-32　镜头4-6剪辑点（首）

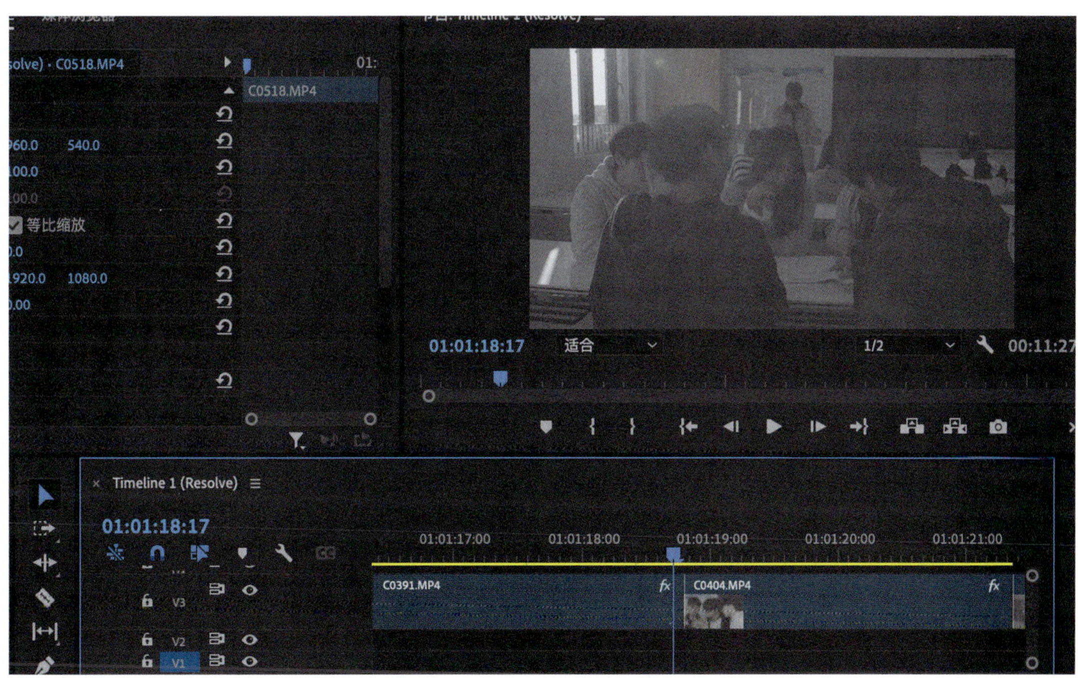

图5-33　镜头4-6剪辑点（尾）

图5-34　镜头4-7剪辑点（首）

图5-35　镜头4-7剪辑点（尾）

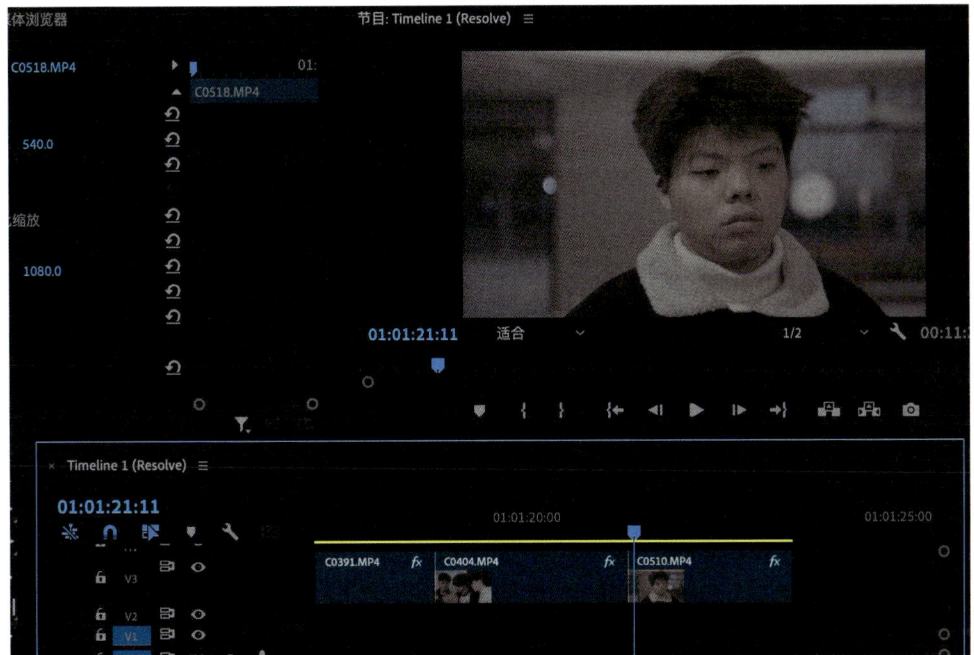

图5-36 **镜头4-8剪辑点（首）**

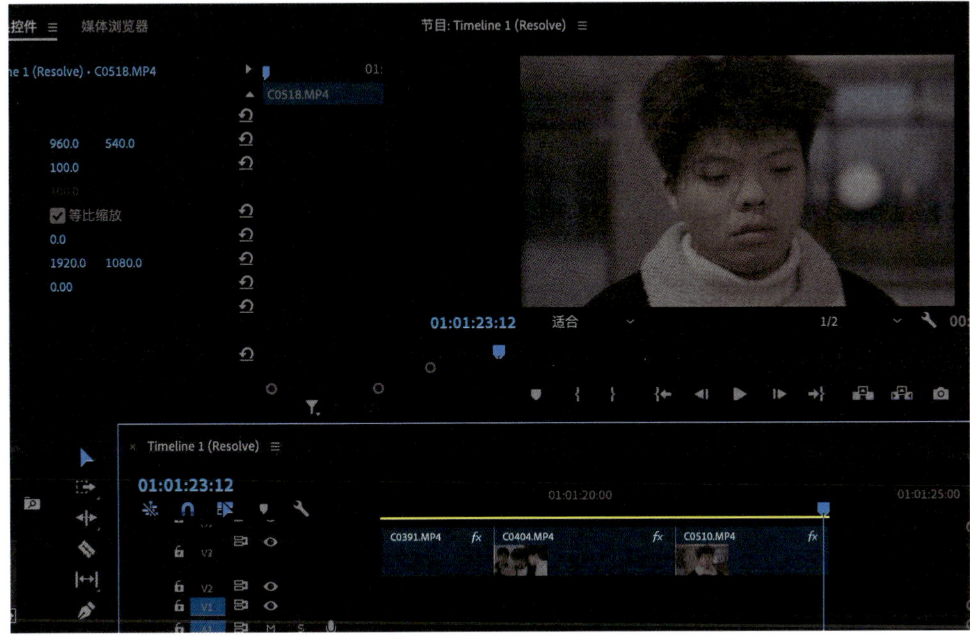

图5-37 **镜头4-8剪辑点（尾）**

注意，在蒙太奇的剪辑中，大部分情况下都以陷入回忆的主角的近景作为开始镜头和结束镜头，这样能提醒观众进入的是谁的回忆，以及告诉观众回忆结束，回到现实的时间线，最终完成一个蒙太奇段落的剪辑。

5. 反应镜头剪辑

反应镜头剪辑属于影视剪辑中的叙事与情感表达技巧，它通过捕捉角色或观众的情感反应，强化叙事的连贯性、情感共鸣和戏剧张力，是影视作品中常见的剪辑手法之一。

以下是对反应镜头剪辑的详细分类与解析。

（1）连续性剪辑（Continuity Editing）

作用：维持时空逻辑的连贯性，避免观众因剪辑跳跃而产生混乱。

应用：在对话场景或关键情节中，插入反应镜头（如角色听到某句话后的表情），既能延续叙事节奏，又能暗示人物心理变化。

典型场景：在正反打镜头（Shot-Reverse Shot）中，将说话者与倾听者的反应交替剪辑。

（2）情感剪辑（Emotional Editing）

作用：通过角色的表情、肢体语言或环境氛围传递情绪，使观众共情。

应用：在悬念、冲突或高潮段落，用反应镜头放大紧张感（如展现角色惊恐的表情后，再揭示其看到的恐怖事物）。

经典案例：希区柯克的“炸弹理论”——展示角色对未知威胁的反应，比直接展示威胁本身更能调动情绪。

（3）心理剪辑（Psychological Editing）

作用：外化角色的内心活动，暗示其思想或决策过程。

应用：在角色面临抉择时，插入短暂的反应镜头（如眼神变化、手指颤动）来暗示心理波动。

示例：在电影《教父》中，迈克尔·柯里昂决定复仇前的沉默与眼神特写。

（4）实际应用场景

对话场景：在正反打剪辑中，反应镜头让对话更生动（如对方说话时，倾听者的微笑或皱眉）。

动作场景：插入旁观者的反应镜头（如群众惊呼）间接烘托动作的冲击力。

喜剧效果：通过夸张的反应镜头（如翻白眼、目瞪口呆）强化笑点。

反应镜头剪辑是以角色反应推动叙事、传递情感的核心技巧，融合了连续性、心理暗示和节奏控制。它不仅是一种技术手段，更是导演与观众建立情感联结的桥梁，能使故事更具沉浸感和说服力。

（5）案例应用

接下来进行**反应镜头**的示范剪辑，抽取两个片段来进行讲解。

片段1

日 内 会议室

演员：男主B，老板，部门领导，群演同事1，赵泉，群演同事2

道具：项目书，PPT

公司的项目评审会上，男主B激情满满地演讲完，下面的同事都非常欣赏地讨论着他的项目。

男主B（自信）：报告到这已演讲完毕，谢谢。

此时部门领导和老板开始小声讨论，男主B和赵泉此时坐在座位上胆战心惊，总是不自觉地看向领导和老板。

剪辑师首先需要通读整个剧本，且在每场戏剪辑之前也需要读剧本，并分析本场戏的人物、情节、节奏等。

从剧情角度，可以看到这个片段讲述了男主B在公司项目评审会演讲，人员涉及男主B、部门领导和老板等，那么首先要将素材完整地看一遍，把整体故事情节看懂，并且对应剧本构思剪辑思路。

从剪辑角度看，这场戏是男主B故事段落的开场戏，首先要完成介绍主要人物的功能叙事，并且剧情中男主B在向领导们竞演自己的项目，这个剧情需要用剪辑交代。

步骤1：分析镜头的剪辑顺序，本场戏是整个片段的第一场戏，于是我们调出整场戏的大全景以及男主近景。

渐进式剪辑：这种剪辑手法通过逐渐靠近被摄主体，将观众的注意力从整体环境吸引到局部细节上，营造出一种逐渐聚焦的效果。

使用渐进式剪辑手法，从男主B的全景开始切到其中景，将这场戏的发生环境、在场人员等信息交代清楚。切到中景便能让观众注意到主角，此时男主B正在进行演讲（图5-38、图5-39）。

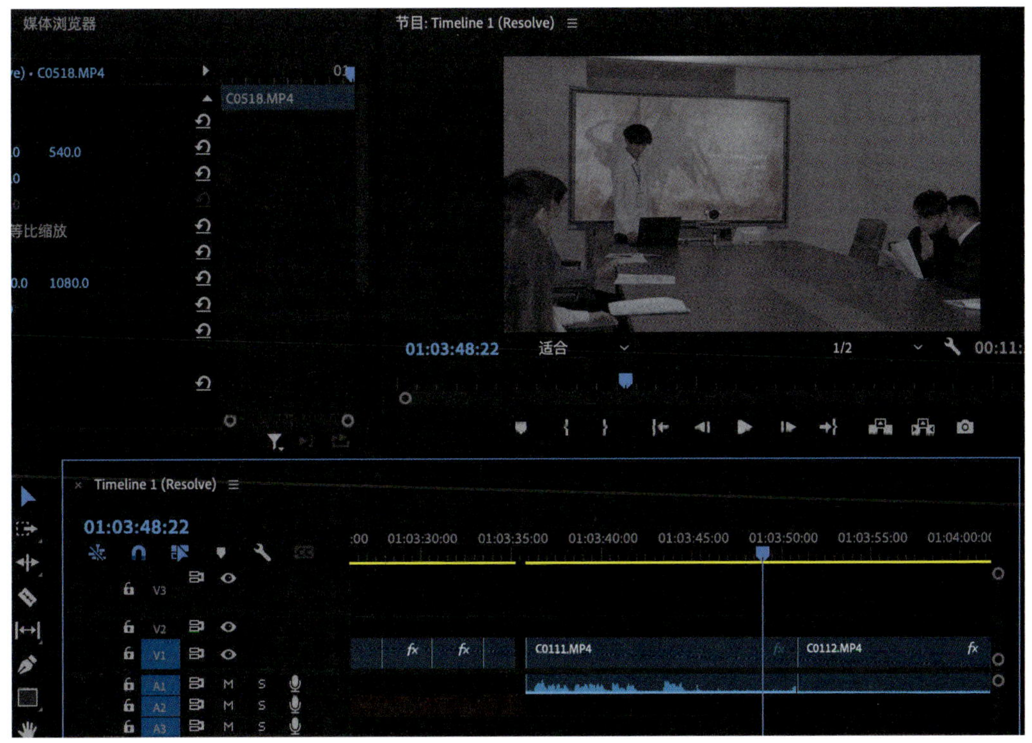

图5-38　男主B演讲全景镜头

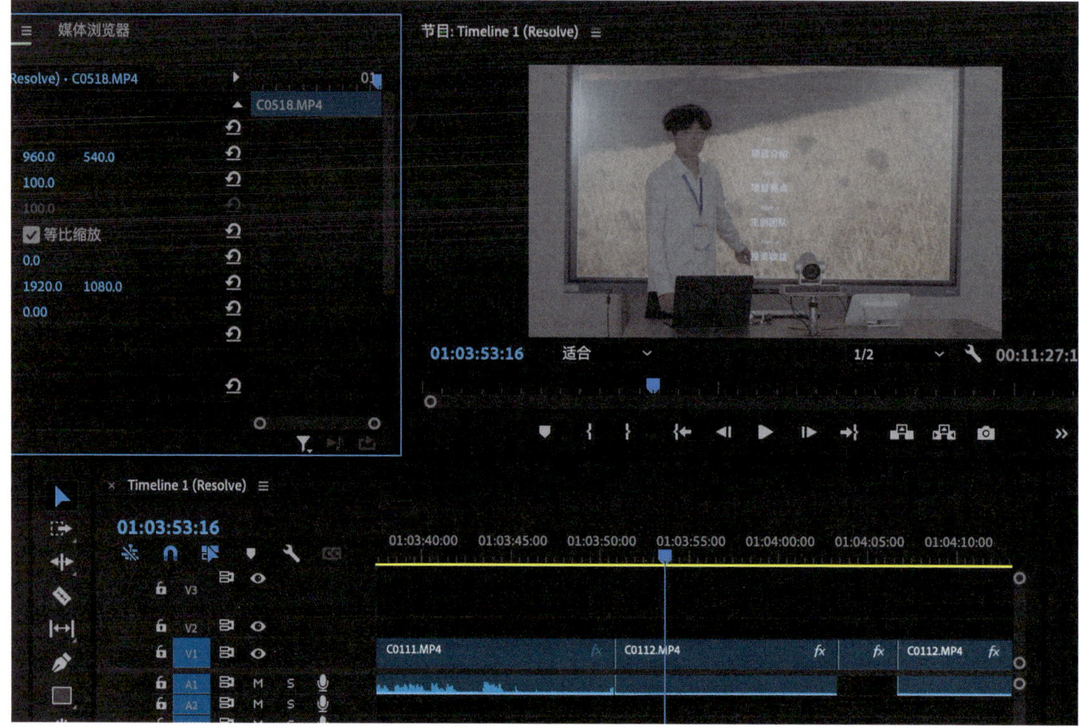

图5-39 男主B演讲中景镜头

为了铺垫后续的故事情节和人物关系，此时应运用反应镜头剪辑，加入其他人的反应镜头，那么如何选取反应镜头呢？

步骤2：通过阅读剧本，我们得知在这场戏中最重要的应该是两位领导与男主B的人物关系，首先找到两位领导的反应镜头；考虑到压缩男主B的演讲时间，用领导的反应镜头交叉剪辑男主B的演讲镜头，完成这个小片段的剪辑（图5-40～图5-42）。

图5-40　两位领导的正面近景

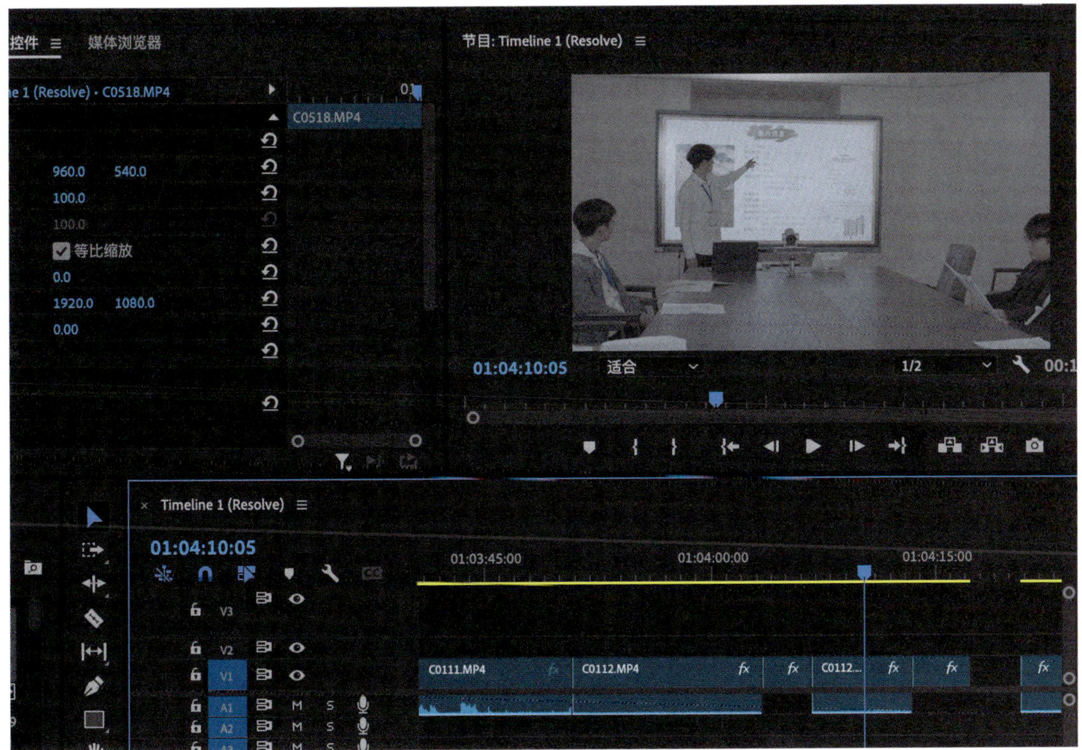

图5-41　男主B全景

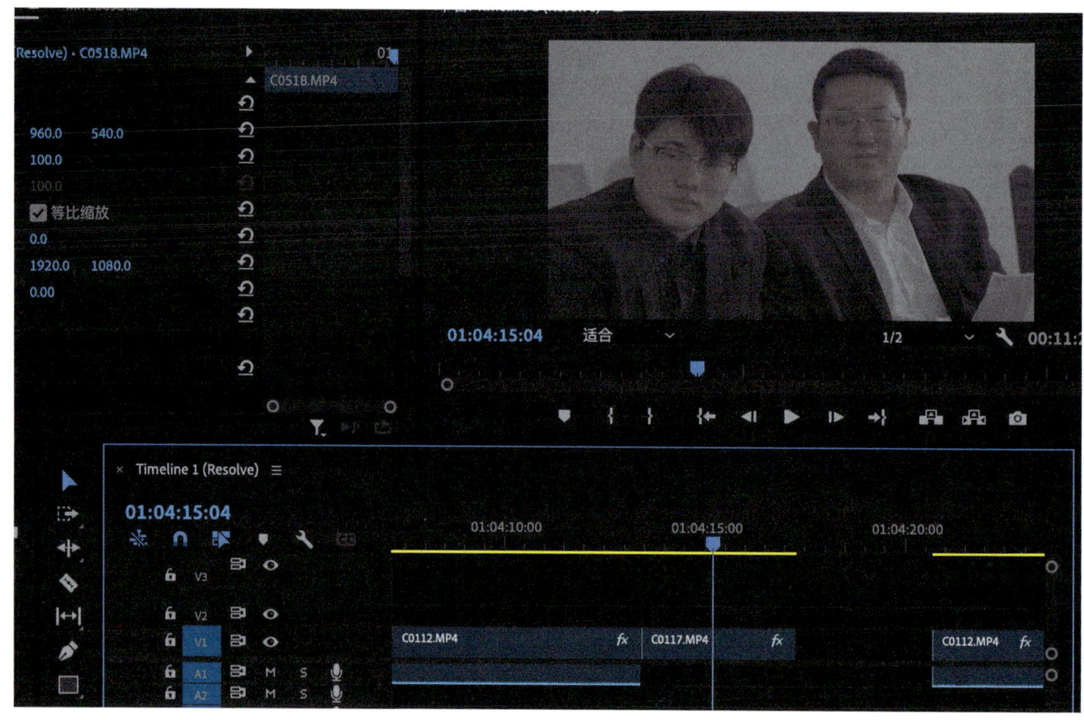

图5-42　两位领导的侧面近景

片段2

日　内　办公室

演员：男主B，部门领导

道具：项目书

男主B高兴地来到领导办公室。

男主B（敲门）：咚咚咚。

男主B（卑微乞求）：领导，这是我做的关于这个项目的方案，您看一看。

领导（气愤）：这个项目又不是你管，还有你做的这是什么东西，数据都是五年前的，拿走，拿走。

领导一把把报告甩到桌子上。

男主B（委屈）：领导，我只是……

本场戏主要是讲述了男主B努力修改项目方案，再一次被部门领导打击。分析剧本能得知，在部门领导说一些批评男主B的话时，应该切入男主B的反应镜头。

步骤1：找到领导的镜头以及男主B的近景（图5-43、图5-44）。

图5-43 领导中近景

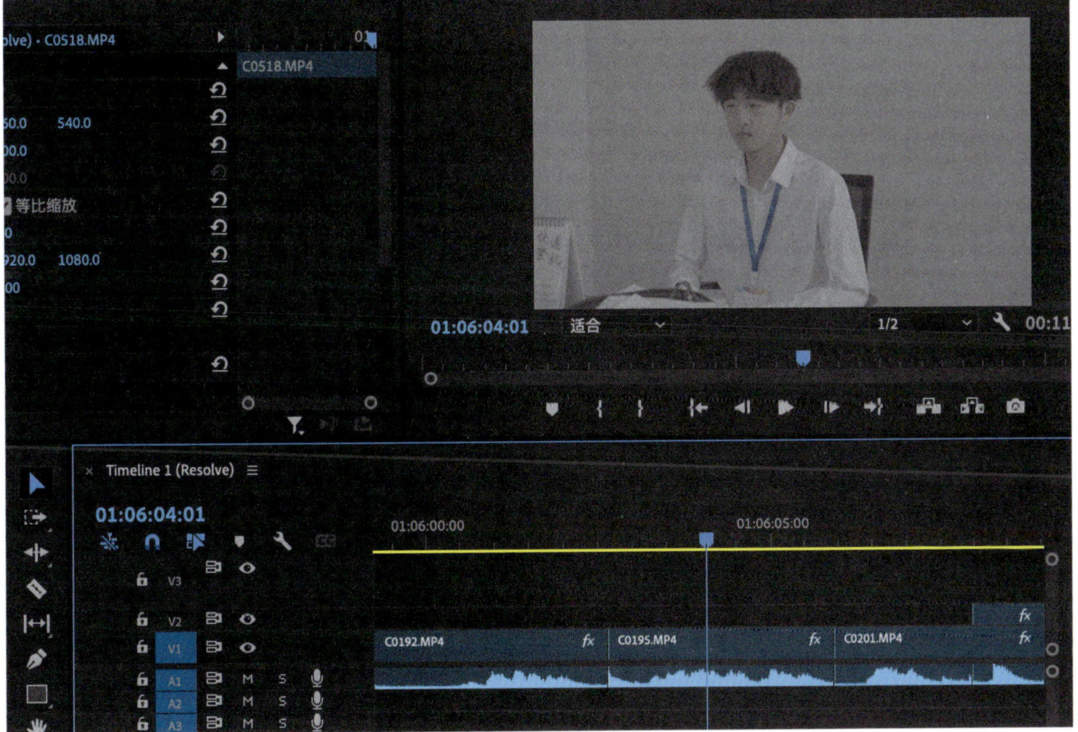

图5-44 男主B中景

步骤2：找到合适的剪辑点切到男主B的镜头，并且在男主B近景的素材中找到适当的反应表演。

6. 强调剪辑

强调剪辑（Emphasizing Editing）是影视剪辑中通过技术手段突出特定内容、情感或主题的核心技巧，旨在吸引观众注意力、强化叙事重点或渲染情绪。它通过镜头选择、节奏调整、画面构图或声音设计等手段，将观众的感知焦点集中在关键元素上，从而增强作品的表达力和感染力。

（1）强调剪辑的核心目标

突出重点：在复杂场景中凸显关键人物、物体或信息（如悬疑片中突然放大的凶器特写）。

强化情感：通过剪辑手段放大角色的情绪（如用慢镜头延长角色落泪的瞬间）。

建立象征：运用重复或对比剪辑赋予画面隐喻意义（如反复出现的手表暗示时间紧迫）。

控制节奏：通过改变剪辑速度调节观众的心理紧张度（如快速剪辑制造混乱感，定格镜头制造悬念）。

▶ 微课 ◀
强调剪辑

（2）案例应用

接下来进行**强调剪辑**的示范剪辑，抽取一个小段落来进行讲解。

日 内 会议室 男主B

此时部门领导和老板开始小声讨论，男主B和赵泉坐在座位上胆战心惊，总是不自觉地看向领导和老板。

男主B看到领导出来，眼神期盼又激动。

领导缓缓站起身宣布结果：经过上级领导的商议，决定将项目交给……

领导向前走去。

男主B看着领导一步步向自己走来，心中暗自窃喜。

领导来到男主B前只看了男主B一眼，接着向男主B后面走去。

领导将手里的项目交给赵泉，笑着恭喜他：好好干，加油啊！

赵泉（激动地接过手中的项目）：谢谢老板！

老板和同事们都纷纷鼓掌祝贺。

只有男主B一个人呆呆地坐在那里。

男主B转身看了看领导，又看了看赵泉，失落地回过头并低下了头。男主B感觉自己的双手像是被锁链铐起来了，沉重地鼓着掌。

本段落主要讲述了男主B在演讲结束之后，等待领导上台宣布项目过审结果。在这个过程中，男主B经历了从期待到失望的过程。剪辑师在剪辑的时候需要适当对男主的情绪进行强调，并注意利用镜头本身的特点。

步骤1：全景叙事交代领导的位置关系（图5-45、图5-46）。

图5-45 镜头6-1剪辑点（首）

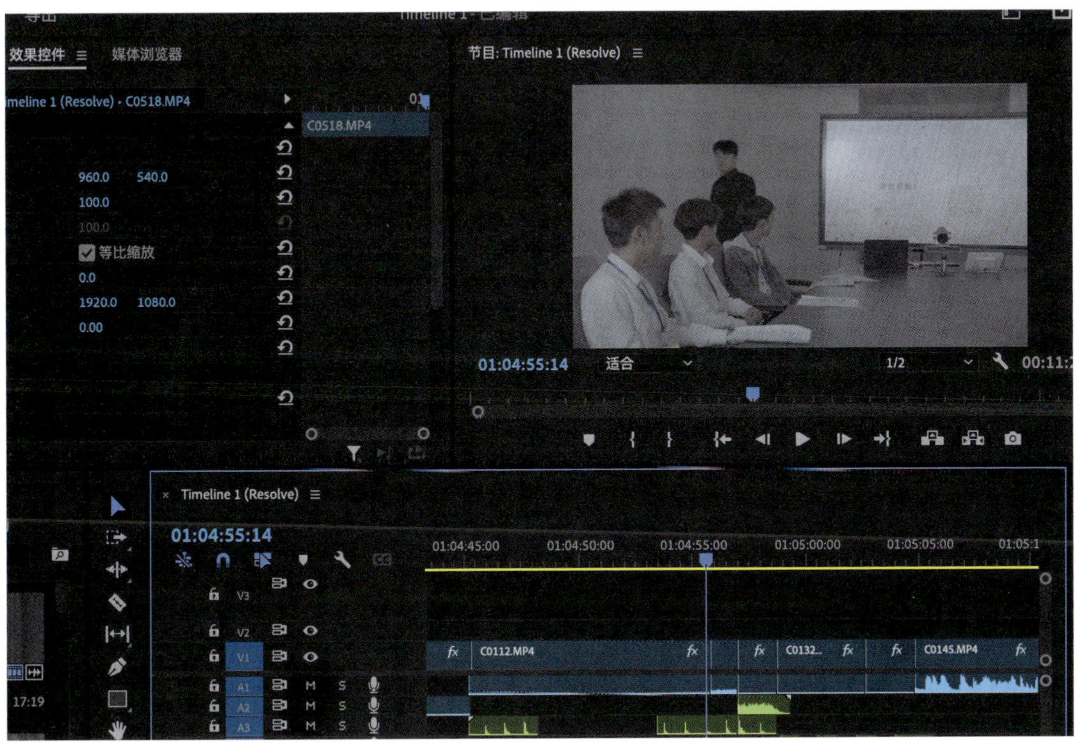

图5-46 镜头6-1剪辑点（尾）

步骤2：给出男主B和其他竞争者的全景，以及领导人物的近景慢动作，烘托紧张氛围（图5-47 ~ 图5-50）。

图5-47　镜头6-2剪辑点（首）

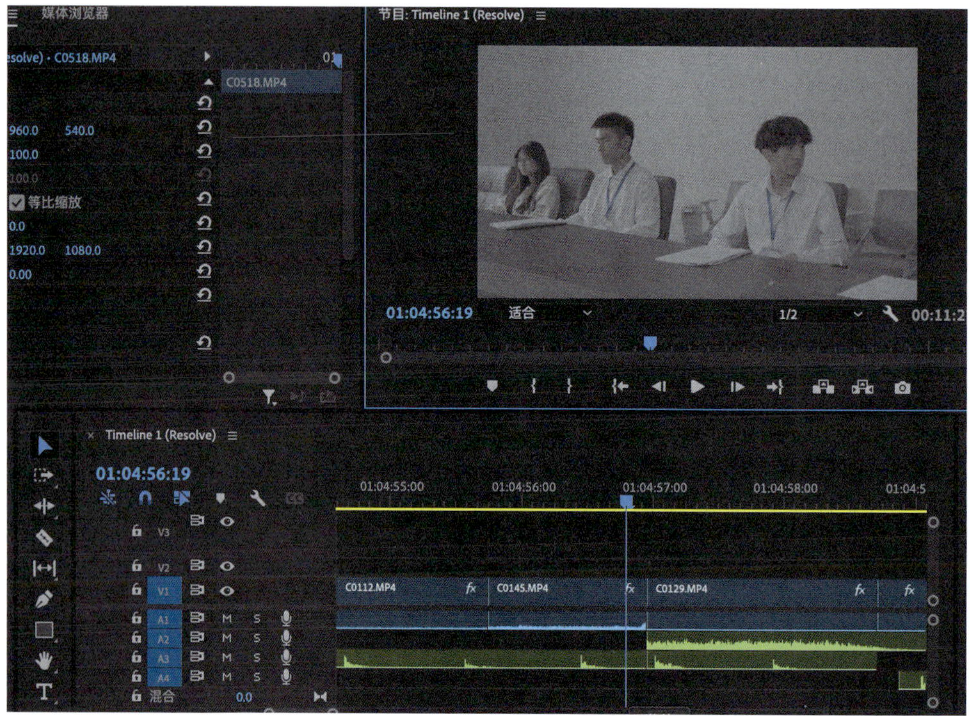

图5-48　镜头6-2剪辑点（尾）

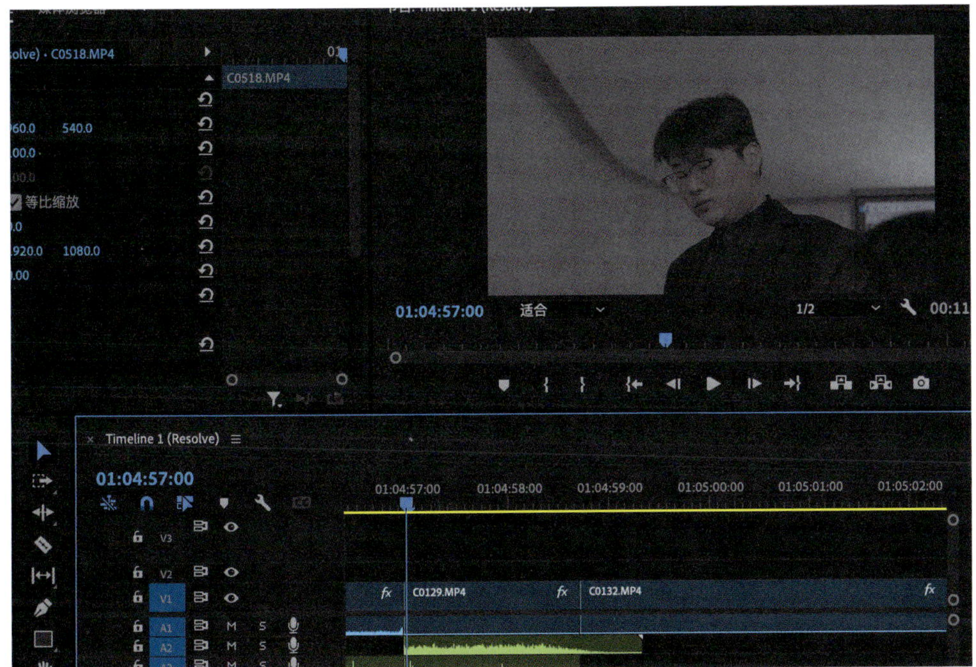

图5-49　镜头6-3剪辑点（首）

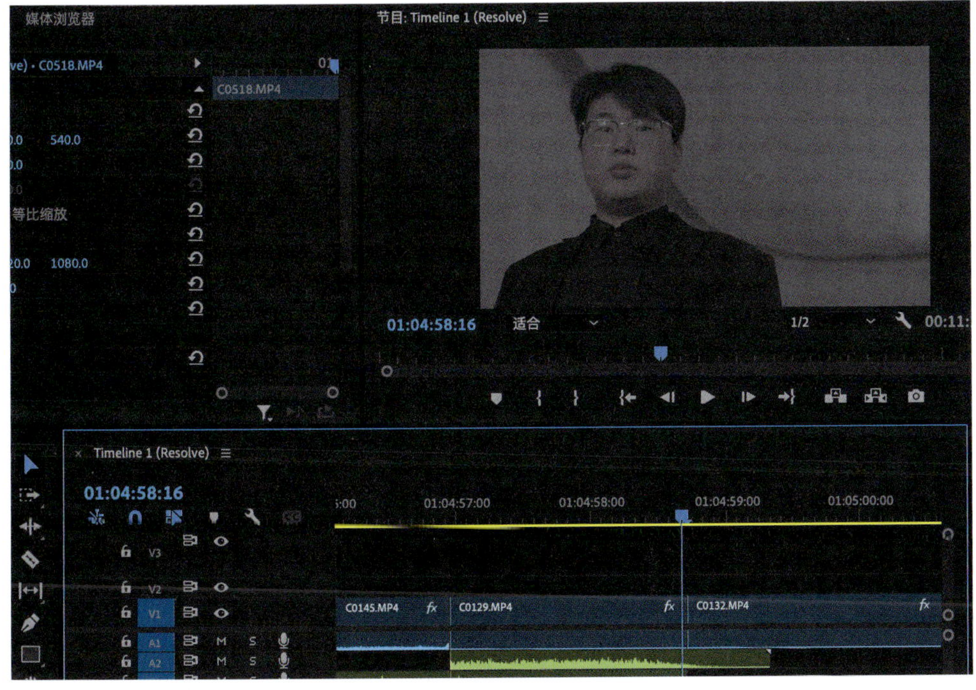

图5-50　镜头6-3剪辑点（尾）

步骤3：给出男主B背面近景，揭露领导从他身后走过的事实；再切到男主正面，给出男主的情绪镜头（图5-51～图5-54）。

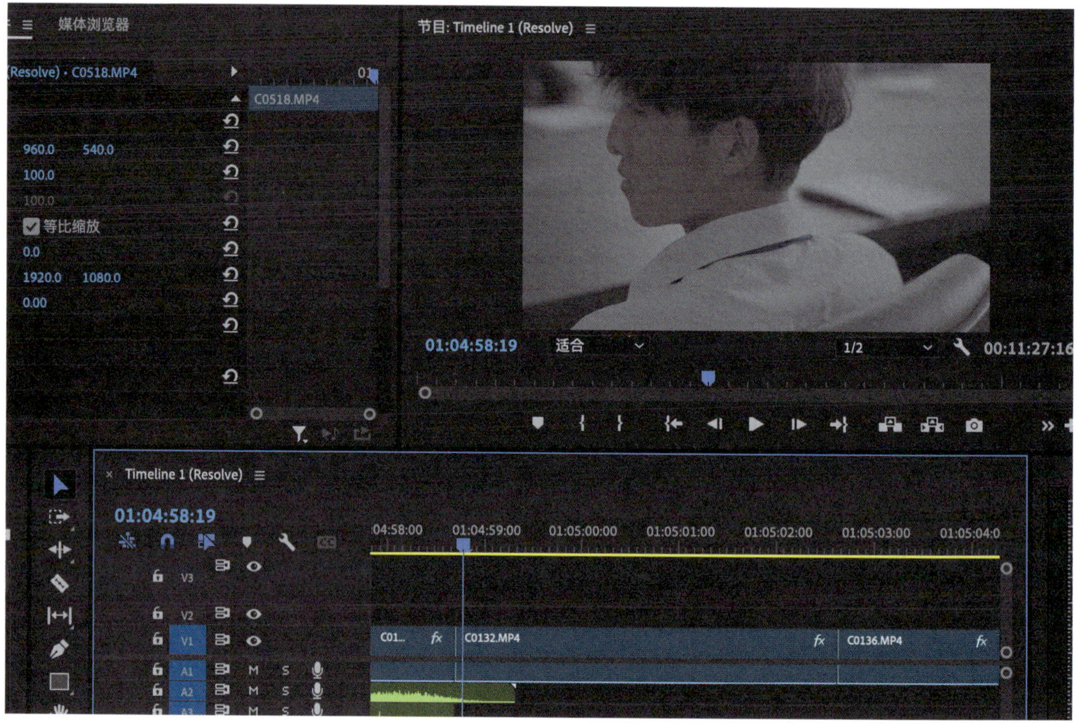

图5-51　镜头6-4剪辑点（首）

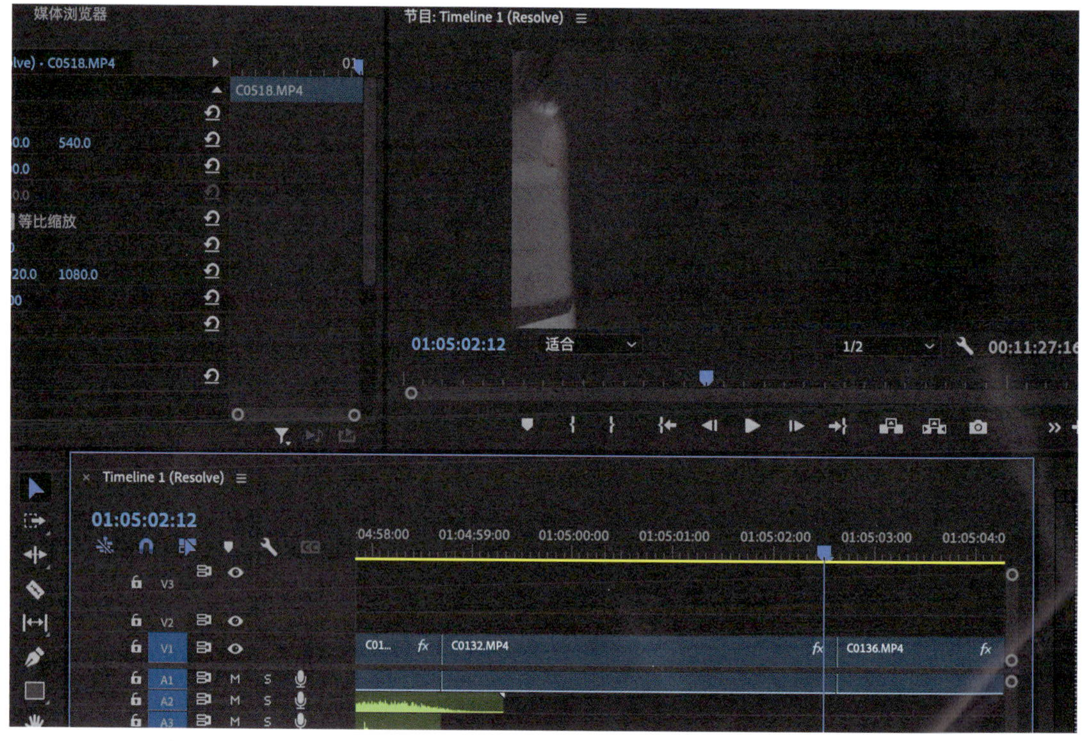

图5-52　镜头6-4剪辑点（尾）

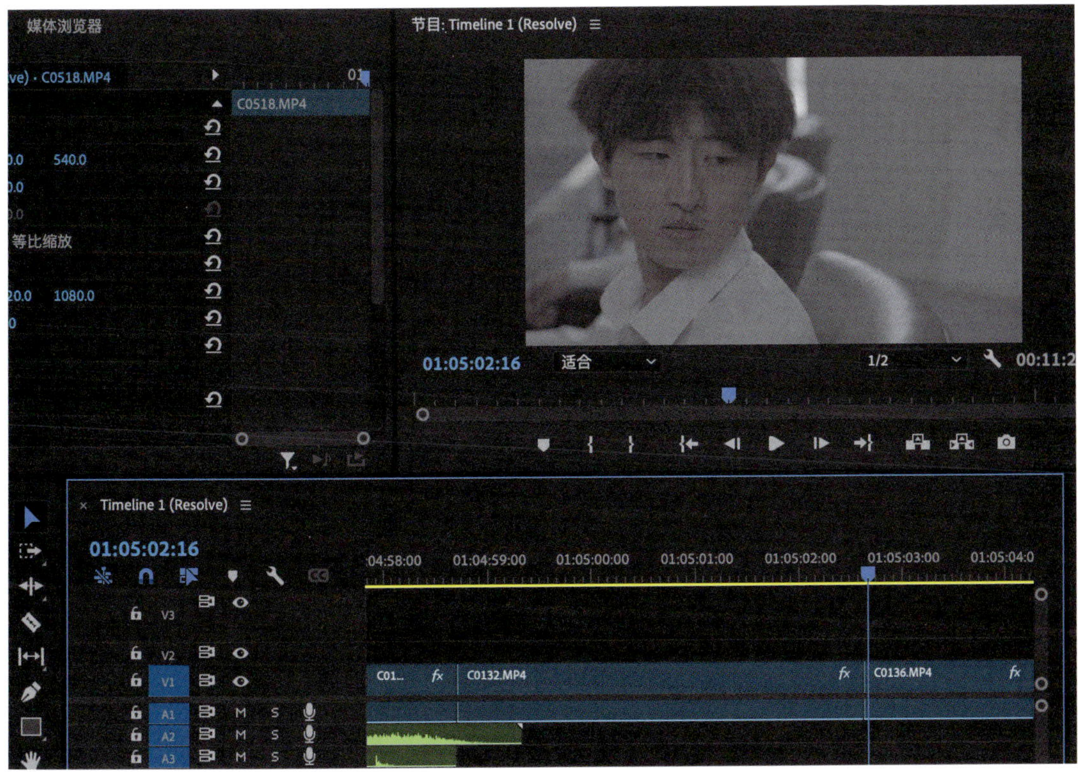

图5-53 镜头6-5剪辑点（首）

图5-54 镜头6-5剪辑点（尾）

综上，将一个细微的动作用不同的角度以及慢动作进行拍摄，在剪辑中延长过程进行强调，能够强化这一叙事效果，达到铺垫男主B不甘的心态以及后期持续努力的效果。

7. 拓展性训练

（1）案例分析报告（知识拓展）

1）训练目标

①提升对剧情微电影剪辑的鉴赏能力和批判性思维。

②加深对微电影剪辑知识的理解和应用。

2）作业要求

选取几部经典的剧情微电影案例，深入分析其剪辑中的亮点与技巧，特别是转场效果、节奏控制、画面组接的运用情况。撰写详细的影片分析报告，包括微电影剧情介绍、主题思想、剪辑技术解析、创意点评及个人启示等内容。

3）评价标准

①分析深度：对微电影案例的剪辑解析是否深入、透彻。

②创意点评：对微电影创意和剪辑手法结合的见解和评价是否独到。

③个人启示：从案例中获得的启示与对自身学习是否有促进作用。

（2）剧情微电影创作（技能提升）

1）学习目标

①巩固对剧情微电影剪辑技术的理解与应用。

②培养创意构思、团队协作与项目管理能力。

2）作业要求

①以小组为单位，自定剧情微电影主题，创作并制作一个时长在5～10分钟的剧情微电影。

②短片中至少包含一组反应镜头剪辑的应用。

③鼓励尝试创新的剪辑手法和叙事结构，以提升微电影的艺术感染力。

④完成作品后，小组须提交最终视频文件及创作报告，报告中应包含微电影剧本、剪辑手法分析、遇到的挑战及解决方案等内容。

（3）评价标准

①创意性：微电影剧作是否有独特性、创新性和吸引力。

②技术实现：镜头组接、剪辑节奏、声音处理等方面的剪辑效果运用及整体后期制作质量。

③团队协作：小组成员间的分工合作与沟通协调能力如何。

④报告质量：报告是否具有完整性、条理性和深度。

任务评价

请根据自己的学习情况完成下表，并按掌握程度填涂☆。

学习评价表

知识与技能点	我的理解（填写关键词）	掌握程度
素材的归纳整理与选择		☆☆☆
匹配剪辑		☆☆☆
动作戏剪辑		☆☆☆
声音处理		☆☆☆
收获与心得		

参考文献

[1] 黄卓，李晶晶. 数字影视后期制作[M]. 2版. 北京：化学工业出版社，2021.

[2] 杨捷，任云花，徐艳玲. 短视频编辑与制作[M]. 北京：航空工业出版社，2021.

[3] 孙振虎. 视听语言[M]. 北京：高等教育出版社，2023.

[4] 瀚阅教育. 中文版Premiere Pro 2022完全自学教程[M]. 北京：化学工业出版社，2022.

[5] 李彩玲，王赟，黄小玉. Premiere短视频制作实例教程[M]. 北京：人民邮电出版社，2022.

[6] 时代印象. 中文版Premiere Pro 2021入门教程[M]. 北京：人民邮电出版社，2021.

[7] 傅正义. 影视剪辑编辑艺术[M]. 北京：中国传媒大学出版社，2017.

[8] 王圣华，荀维浩. 叙事节奏——剧情类短视频的剪辑灵魂[J]. 新闻与写作，2021（02）：109-112.

[9] 凌凤娇. 影视后期制作中剪辑艺术探讨[J]. 记者观察，2019（23）：31.